LIFEHACKS
- Katze -

Die besten Kniffe für den Alltag

Petra Kichmann

Petra Kichmann

LIFEHACKS
- Katze -
Die besten Kniffe für den Alltag

INHALT

LIFEHACKS KUSCHELN & CHILLEN … 102

QUALITÄTS G|U GARANTIE

DIE GU-QUALITÄTS-GARANTIE

Wir möchten Ihnen mit den Informationen und Anregungen in diesem Buch das Leben erleichtern und Sie inspirieren, Neues auszuprobieren. Bei jedem unserer Produkte achten wir auf Aktualität und stellen höchste Ansprüche an Inhalt, Optik und Ausstattung. Alle Informationen werden von unseren Autoren und unserer Fachredaktion sorgfältig ausgewählt und mehrfach geprüft. Deshalb bieten wir Ihnen eine 100 %ige Qualitätsgarantie.

Darauf können Sie sich verlassen:
Wir legen Wert auf artgerechte Tierhaltung und stellen das Wohl des Tieres an erste Stelle. Wir garantieren, dass:

- alle Anleitungen und Tipps von Experten in der Praxis geprüft und
- durch klar verständliche Texte und Illustrationen einfach umsetzbar sind.

Wir möchten für Sie immer besser werden:
Sollten wir mit diesem Buch Ihre Erwartungen nicht erfüllen, lassen Sie es uns bitte wissen! Wir tauschen Ihr Buch jederzeit gegen ein gleichwertiges zum gleichen oder ähnlichen Thema um. Nehmen Sie einfach Kontakt zu unserem Leserservice auf. Die Kontaktdaten unseres Leserservice finden Sie am Ende dieses Buches.

GRÄFE UND UNZER VERLAG
Der erste Ratgeberverlag – seit 1722.

EIN PAAR WORTE VORAB

Spiel, Spaß, Ruhen, Ernährung, Hygiene: Alles, was Katzen brauchen, um wirklich glücklich zu sein und ihr Leben in vollen Zügen zu genießen. 120 Seiten Lifehacks und Tipps mit viel Liebe zum Tier.

Katzen bestimmen nicht nur unseren Alltag, sie sind auch für die Wohnungseinrichtung und die Deko-Elemente maßgeblich mitverantwortlich, denn sie benötigen zudem einiges an Equipment für ihr Wohlbefinden. Den Großteil kaufen Katzenbesitzer im Geschäft ihres Vertrauens, doch eines gibt es dort garantiert nicht: Die eigene Individualität zum kleinen Preis und mit viel Spaß bei der Herstellung.

KATZEN-LIFEHACKS

Das Zauberwort lautet: Lifehack – alltägliche Gegenstände mit einer bestimmten Lebensaufgabe, die jedoch kurzerhand ignoriert und neu definiert wurde. Zweckentfremdung auf schöne, einzigartige und vor allem kätzische Weise. Auf den nächsten Seiten warten über 70 nützliche und erstaunliche Lifehacks für alle Lebenslagen auf dich. Es ist eine bunte Mischung aus eigenen Kreationen und den beliebtesten Ideen, die das world wide web zu bieten hat.

EXPERTENERPROBT

Katie und Lilli sind die Tester jedes einzelnen Lifehacks. Sie pfötelten nach unzähligen Leckerlis, schliefen und kuschelten in diversen Bettchen, Höhlen und auf weiteren Liegeflächen. Die beiden spielten sich miteinander oder gegenseitig dank des perfekten Katzenspielzeugs müde und haben in Erfahrung gebracht, wie sich trotz Fellkleid Abkühlung bei hohen Temperaturen anfühlt. Alle Lifehacks haben die Eignungsprüfung bestanden und warten nur noch darauf, von dir nachgemacht und von deiner Katze ebenfalls als richtig super befunden zu werden.

UNSERE KATZEN-EXPERTIN

Schon immer war ich ein Fan von individuellem Katzenzubehör. Irgendwann wollte ich dieses nicht nur besitzen, sondern dafür Gegenstände nutzen, die in ihrer eigentlichen Funktion nicht mehr gebraucht wurden.

PETRA KICHMANN

Ich bin individuelle Perfektionistin, katzenliebend, mit Hang zur Schaffung des optimalen Lebensumfelds unserer Stubentiger und Bloggerin auf Großstadtkatze.de sowie Epilepsie-Katzen.de. Katie und Lilli sind meine ersten Katzen überhaupt. Bis zum Tag ihres Einzugs wusste ich gar nichts über Katzen. Allerdings hat sich dies geändert, und zwar von Grund auf und im Detail.

KATZE LILLI

Ihre Spitznamen beschreiben Lillis Charakter: Staunemöppel, Staubsauger und Maunze. Alles, was zumindest scheinbar fressbar ist, wandert in ihren Magen. Dabei macht Lilli auch vor Dingen wie kleinen Steinen und Fusseln nicht halt. Ihr liebstes Spielzeug ist ein Knautschball, den sie nicht nur stolz durch die Wohnräume trägt, sondern mittels lautstarkem Maunzen immer wieder geworfen haben will. Lilli lässt Katie bei allem Neuen den Vortritt und schaut ihr meist erstaunt über so viel Mut beim Erkunden zu.

KATZE KATIE

Katie ist immer neugierig, braucht viel Aufmerksamkeit und möchte am liebsten 24 Stunden am Tag, sieben Tage die Woche gestreichelt werden. Sie hat Epilepsie, weshalb es noch wichtiger ist, spielerisch für ihre Ausgeglichenheit und für ein katzengerechtes Zuhause zu sorgen.

LIFEHACKS RUND UMS FUTTERN

Fressen und trinken hält Leib und Seele zusammen. Was du dazu beitragen kannst und wie du deine Katzen zum Trinken animierst, erfährst du auf den nächsten Seiten.

FUTTERNÄPFE INDIVIDUELL GESTALTEN

Futter- und Wasserschalen aus Porzellan sind bei der Materialwahl das hygienischste und somit beste für Katzen. Mit ein bisschen Kreativität sind sie zudem schnell ganz individuell gestaltbar.

MATERIAL

- glasierte Porzellanschüssel(n)
- Porzellanstifte
- Backofen

Bemale die Schalen mit den Porzellanstiften nach deinen Wünschen. Bist du zufrieden mit dem Malergebnis, stellst du die Schalen bei 65 °C für 25 Minuten in den Backofen, damit sich die Farbe fest einbrennt. Besteht noch Korrekturbedarf? Mit heißem Wasser lässt sich die Farbe entfernen, so lange sie noch nicht eingebrannt ist. **Tipp:** Bemale nur Bereiche, die nicht mit dem Futter und der Katzenzunge in Berührung kommen, denn die Farbe ist nach wie vor giftig.

GRÜNFUTTER IM KATZENGARTEN

Einige Pflanzen wirken sich positiv auf Katzen aus. Katzengras erleichtert das Hochwürgen verschluckter Haare. Und Katzenminze ist die Kuschelpflanze Nummer eins, denn sie sorgt durch ihren Geruch für Wohlbehagen.

MATERIAL
- Kräutererde
- Pflanzentopf
- Rosmarin
- Katzenminze
- Katzengras
- Wasser

Bedecke den Boden des Pflanzentopfs komplett mit etwas Erde. Dann stellst du nacheinander Rosmarin, Katzenminze und Katzengras auf die Erde im Topf. Danach musst du nur noch die Lücken zwischen den Pflanzen und zum Rand des Pflanzentopfs mit der Kräutererde auffüllen. Drücke die Pflanzen und die neue Erde dabei fest zusammen, damit beim ersten Gießen keine Hohlräume entstehen. Zum Schluss alles gut wässern.

PRAKTISCHE NAPFUNTERLAGE

Eine Schreibtischunterlage ist praktisch. Unter der Folie können gut sichtbar Notizen oder lustige Bürosprüche verstaut werden. Die Unterlage kann aber auch eine leicht zu reinigende und individuelle Napfunterlage sein.

MATERIAL
- Schreibtischunterlage
- Tafelfolie
- Kreide
- Schere

Sollte dir das Design irgendwann nicht mehr gefallen, genügen ein feuchtes Tuch und Kreide. Schon kannst du es ändern. Die Reinigung ist natürlich ebenso einfach: Einfach abwischen, wenn die Katzen ihr Nassfutter mal wieder großzügig darauf verteilen.

Tipp: Platziere unter der klaren Folie der Schreibtischunterlage statt der Tafelfolie Fotos, ausgedruckte Gedichte oder andere papierdünne Erinnerungen.

1. Nimm den Kalender (oder was sich im Inneren der Schreibtischunterlage befindet) heraus und lege ihn rückseitig auf die ausgerollte Tafelfolie.

2. Auf der Rückseite der Tafelfolie befindet sich ein Schnittgitter, an dem du dich ganz einfach orientieren kannst, um die Tafelfolie auf die Größe des Kalenders zuzuschneiden.

3. Nun folgt der kreative Teil. Tobe dich auf der Tafelfolie richtig aus – egal, ob Katzenpfoten, der Name deiner Lieblinge oder ein witziger Spruch. Sollte dir etwas nicht gleich gelingen, entfernst du es mit angefeuchtetem Küchenpapier.

4. Bist du fertig, legst du die Tafelfolie in die Schreibtischunterlage unter die Schutzfolie. Dies ist wichtig, sonst haben deine Katzen bald bunte Tatzen. Das Schnittgitter bleibt an der Folie, damit du sie evtl. besser auswechseln kannst.

DEINE KATZE RICHTIG FÜTTERN

Das Thema an sich klingt kompliziert. Insbesondere aufgrund der gefühlt tausend Meinungen. Dabei gilt für die Gesundheit unserer Katzen vor allem: Als reine Fleischfresser kann ihr Körper mit pflanzlichen Stoffen nichts anfangen.

Deshalb sollte wirklich gutes Katzenfutter zu mindestens 70 Prozent aus Fleisch bestehen, das im besten Fall auf der Verpackung genau benannt ist. Dagegen sollte das Futter weder Getreide noch tierische oder pflanzliche Nebenerzeugnisse sowie Kartoffeln, Aubergine und anderes Gemüse enthalten. Damit du das Futter beurteilen kannst, müssen alle Bestandteile verständlich aufgeschlüsselt auf der Verpackung angegeben sein.

FÜTTERUNGSZEITEN

- Kitten dürfen bis zu ihrem ersten Lebensjahr so viel fressen, wie sie möchten.
- Ausgewachsene Katzen bekommen pro Tag mindestens so oft und viel frisches Nassfutter, wie auf der Verpackung angegeben ist. Das Futter verbleibt bis zur nächsten Fütterungszeit im Napf. Verdirbt es oder schmeckt es nicht mehr, geht deine Katze sowieso nicht mehr ran, da Katzen keine Aasfresser sind.

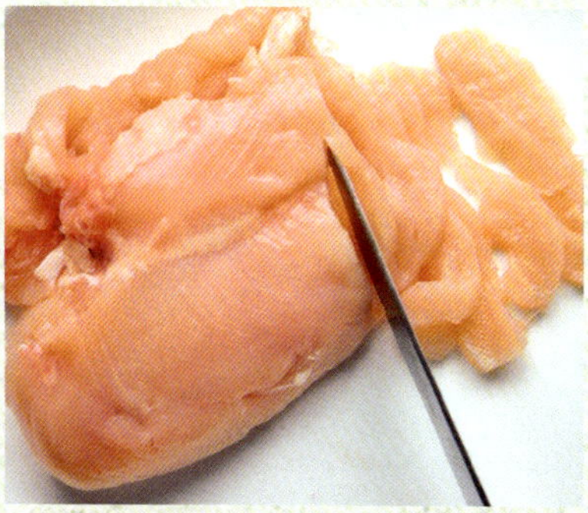

EXPERTEN-TIPP

TROCKENFUTTER AUFWERTEN

Kein Trockenfutter dieser Welt kann hochwertiges Nassfutter ersetzen. Deine Katze wird es dir nicht nur mit glänzendem Fell danken. Was aber tun, wenn du vergessen hast, Nassfutter einzukaufen, und nur Trockenfutter als Reserve im Schrank zu finden ist? Zwei Möglichkeiten stehen dir dann zur Verfügung:

- Lass das Trockenfutter in Wasser aufquellen, bevor du es verfütterst, damit es wenigstens etwas Flüssigkeit abgibt.
- Verfüttere mundgerecht geschnittene Stückchen Fleisch oder Fisch roh, also weder gewürzt noch geräuchert.

FUTTERSTELLE »HÄNGENDE NÄPFE«

Diese Futterstelle hat mehrere Vorteile: Da die Näpfe fest eingehängt sind, können sie von deinen Katzen nicht verschoben oder umgeworfen werden. In einem Mehrkatzenhaushalt hat zudem jede Katze ihren eigenen Napf.

MATERIAL

- 3 Schüsseln mit Rand
- Holzleisten, 3 x 3 cm
- 20 Holzschrauben, 4,5 x 60 mm Torx
- Holzleim D3
- Akkuschrauber
- 2 Schraubzwingen

Säge die Holzleiste zu folgenden Stücken zurecht:

- 4 Leisten à 54 cm
- 4 Leisten à 9 cm
- 6 Leisten à 14 cm

Tipp: Um etwas Abwechslung in die Futterstelle zu bringen, kannst du die Schüsseln nach Lust und Laune austauschen und so etwas Farbe in beispielsweise graue Wintertage bringen!

1. Zuerst verschraubst du zwei der 54 cm langen und zwei der 14 cm kurzen Leisten miteinander zu einem Rechteck. Am besten bohrst du die Löcher mit einem 3-mm-Bohrer vor, damit das Holz nicht ausplatzt.

2. Nun verschraubst du vier der 14 cm kurzen Leisten zwischen zwei der 54 cm langen Leisten, sodass optisch eine Art Leiter entsteht. Dort werden später die Näpfe eingesetzt. Bohre auch hier die Löcher vor.

3. Dann befestigst du mittels Holzleim die 9 cm langen Leisten für die Höhe in den Ecken zwischen den beiden Rechtecken. Spanne die geklebten Seiten mittels der Schraubzwingen fest und lass alles über Nacht trocknen.

4. Am nächsten Tag schraubst du die geklebten Verbindungen noch fest. Achte dabei darauf, dass du nicht in die schon vorhandenen Schrauben kommst. Nun brauchst du nur noch die Schüsseln einzusetzen.

FUTTERWECHSEL LEICHT GEMACHT

Es gibt mehrere Gründe, weshalb ein Futterwechsel notwendig werden kann: zum Beispiel weil du von Trocken- auf Nassfutter umstellen möchtest oder weil der Hersteller deines Vertrauens die Rezeptur geändert hat.

Die Futterumstellung kostet jeden Katzenbesitzer nicht nur Zeit, sondern vor allem Nerven.

VARIANTE 1: ALLMÄHLICH ERSETZEN

Lege unter das gewohnte Futter ein teelöffelgroßes Stück des neuen Futters. So gewöhnen sich deine Katzen an den Geruch und die Konsistenz. Haben sie alles gefressen, kannst du nach und nach die Menge des neuen Futters erhöhen. Dies wiederholst du, bis nichts oder nur noch wenig vom bisherigen Futter im Napf ist.

VARIANTE 2: AUSTRICKSEN

Verbanne die Lieblings-Leckerlis deiner Miezen aus ihrem Alltag. Stattdessen streust du sie fein zerbröselt in und über das ungeliebte Futter. Auch wenn deine Katzen gut selektieren und fein säuberlich drumherumfressen kann, gewöhnen sie sich mit jedem Bissen an den neuen Geschmack des Futters.

EXPERTEN-TIPP

KATZEN NICHT HUNGERN LASSEN

Deine Katzen dürfen bei absoluter Fressverweigerung nicht länger als drei Tage eine ungewollte Diät halten. Danach solltest du tatsächlich nach einer neuen Futtersorte suchen, die ihnen mehr mundet.

GESUNDE THUNFISCH-SNACKS

Leckerlis sind für Katzen Belohnung und Abwechslung im Futteralltag. Kulinarisch gesehen sind die meisten Snacks jedoch nur eines: reine Dickmacher – dank zu vieler Zucker- und Kohlenhydratzusätze.

MATERIAL
- 200 g Thunfisch natur
- 1 Ei
- Handrührgerät mit Schneebesen
- Pürierstab
- Teelöffel

Gesunde und richtig schmackhafte Köstlichkeiten lassen sich selbst zubereiten, und das auch noch mit wenig Zutaten und geringem Aufwand.
Die Snacks müssen komplett durchgegart und trocken sein, bevor du sie verfütterst. Zudem ist ihre Haltbarkeit aufgrund der frischen Zutaten gering. Bewahre sie höchstens 2 Tage im Kühlschrank auf.
Tipp: Statt Thunfisch eignet sich auch Putenhackfleisch.

1. Trenne das Eigelb vorsichtig vom Eiklar. Dann das Eiklar mit dem Handrührgerät auf der höchsten Stufe schlagen, bis der Eischnee nicht mehr zusammenfällt.

2. In einer anderen Schüssel pürierst du den Thunfisch mit dem Pürierstab oder in der Küchenmaschine. Dann mischst du den Eischnee unter den Thunfisch und vermengst alles zu einer homogenen Masse.

3. Heize den Backofen auf 160 °C vor. Setze mit einem Teelöffel von der Thunfisch-Eischnee-Masse kleine Häufchen auf ein mit Backpapier versehenes Backblech.

4. Schiebe das Backblech in den Backofen und lass die Snacks mindestens eine Stunde trocknen. Nach dem Auskühlen halten sie sich bis zu 2 Tagen in einer verschlossenen Dose im Kühlschrank.

SNACK-POOL ZUM ANGELN

Mit diesem Pool schlägst du drei Fliegen mit einer Klappe: Deine Katzen nehmen durch das Angeln mit den Leckerlis zusätzlich Wasser auf, sie sind beschäftigt, und im Sommer kühlen sie damit noch automatisch ihre Pfötchen.

MATERIAL

- Schüssel mit hohem Rand
- Wasser
- schwimmende Leckerlis
- optional: wasserfeste Unterlage

Fülle die Schüssel mit Wasser. Dann lässt du die Leckerlis vor den Augen deiner Katzen in das Wasser fallen – und schon ist dem Pool die kätzische Aufmerksamkeit garantiert. Es kann losgepfötelt und der Pool leer gefischt werden!

Tipp: Sollte das Pool-Vergnügen in der Wohnung stattfinden, rettet dich eine wasserfeste oder -aufsaugende Unterlage vor einer Mini-Überschwemmung.

WASSER-LECKERLIS

Gefriergetrocknete Katzensnacks, die du – außerhalb der Reichweite deiner Katzen – für 20 Minuten in Wasser einlegst, saugen das Wasser auf und werden so zu Leckerlis, die nicht nur zum Jagen optimal geeignet sind.

MATERIAL

- Schale mit Wasser
- Snacks aus 100 Prozent Hühnchenfleisch, Thunfischfleisch etc.

Durch das Wasser verändert sich die Struktur des Snacks, und er wirkt fast wie ein normales Stück Fleisch. Deine Katzen werden damit spielen, und am Ende, wenn es erfolgreich verspeist wurde, haben sie ganz unbemerkt eine kleine Portion Wasser aufgenommen.

Tipp: Achte beim Kauf unbedingt darauf, dass die Snacks zu 100 Prozent aus Fleisch oder Fisch bestehen. Es dürfen keine weiteren Inhaltsstoffe zugesetzt sein.

EINLADENDER TRINKBRUNNEN

Katzen sind Wüstentiere, trotzdem müssen sie Wasser trinken. Damit deine Samtpfoten davon genug bekommen, solltest du ausprobieren, was sie lieber mögen, stehendes oder fließendes Wasser, und das entsprechend anbieten.

MATERIAL

- Pumpe für Aquarium
- Pumpenschlauch
- hohe Schale
- Tontopf mit Loch
- Lampen-Baldachin
- Aquariumsteine

Gehören deine Samtpfoten zu den Katzen, die fließendes Wasser bevorzugen, eignet sich dieser Trinkbrunnen. Er ist, weil er auch ohne dein Zutun immer sprudelt, die bessere Alternative zum Wasserhahn. Zudem kannst du ihn in ein paar Minuten selbst zusammenstellen, und er verschönert sogar den Raum.

Hinweis: Lampen-Baldachine bekommst du im Elektro-Fachhandel, Baumarkt und im Internet.

1. Reinige die Aquariumsteine gründlich unter fließendem Wasser. Ansonsten färbt sich das Wasser durch die losen Steinfragmente gräulich.

2. Verbinde die Pumpe im Waschbecken mit dem Schlauch. Platziere den Tontopf und den Baldachin zum Strahlstärke-Test darüber. Schalte die Pumpe ein und regle sie auf den gewünschten Wasserdruck ein.

3. Nimm die Pumpe vom Strom. Richte sie nun mittig in der Schale aus und stülpe den Tontopf sowie den Baldachin darüber.

4. Verteile die gewaschenen Steine ringsherum, bis das Kabel bedeckt ist und der Tontopf nicht mehr wackeln kann. Nun füllst du die Schale mit Wasser auf und verbindest die Pumpe erneut mit dem Strom.

ZUM TRINKEN ANIMIEREN

Die meisten Katzen sind sehr trinkfaul. Dies kann dazu führen, dass die Nieren nicht richtig durchgespült werden. Um deinen Katzen schnödes Wasser etwas schmackhafter zu machen, gibt es zwei clevere Möglichkeiten.

… MIT KATZENMILCH

MATERIAL
- Wasser
- Katzenmilch

Um deinen Katzen das nasse Element schmackhafter zu machen, setze dem Wasser Katzenmilch zu. Dabei sollte es sich allerdings nur um einen Schluck auf 250 ml Wasser und nicht um den gesamten Inhalt des Fläschchens oder Kartons handeln, denn Katzenmilch ist sehr kalorienhaltig. Zudem darf diese nicht lange offen stehen, da die Milch schnell sauer wird.

Tipp: Am einfachsten gewöhnst du deine Katzen an ihr neues Lieblingsgetränk, indem du es ihnen regelmäßig immer wieder vorsetzt und auch etwas damit spielst. Sorge mit dem Finger für kleine Wellen in der Schüssel oder wirf Leckerlis hinein. Trainiere das Trinken ein paar Minuten bis eine halbe Stunde und entsorge das Wasser-Milch-Gemisch danach.

… MIT GEFRORENEM WASSER

MATERIAL

- kleiner Luftballon
- Gefrierschrank oder Eisfach
- Wasser

Ein Spaß für den Sommer ist es, wenn du deine Katzen mit einem Eisball spielen lässt. Fülle dazu einen Luftballon mit Wasser und lass ihn im Gefrierschrank oder im Eisfach zu einer Eiskugel werden. Entferne den Luftballon – und das Spiel mit der Eiskugel kann beginnen. Es sorgt für Abwechslung im Alltag und durch das Ablecken der Pfötchen für die nötige Flüssigkeitsaufnahme.

Tipp: Um die Eiskugel vom Ballon zu befreien, lass kurz etwas warmes Wasser darüberlaufen, dann kannst du den Luftballon vorsichtig abziehen.

LIFEHACKS SAUBER & GESUND

Katzenhaare und Katzenstreu verbreiten sich in der Wohnung wie Ameisen auf einer Picknickdecke. Entkommen zwecklos. Auf den nächsten Seiten findest du Kniffe, die ihnen entgegenwirken, aber auch Bauanleitungen für Kratzmöbel oder Anti-Ausbrechhilfen.

TOILETTENREINIGUNG UND -ANZAHL

Die Faustregel besagt, dass im Katzenhaushalt prinzipiell eine Katzentoilette mehr als Katzen vorhanden sein soll. Manchmal ist dies aus Platzgründen nicht realisierbar. Deine Katzen kommen aber auch gut mit einer pro Tier aus.

WIE OFT REINIGEN?

Alle Toiletten müssen täglich mehrfach von den Hinterlassenschaften gereinigt werden. Ab und an finden sich dann Spielzeuge darin oder menschliche Dinge wieder, die du vielleicht schon vermisst hast, wie Ladekabel. Einmal im Monat solltest du die Toilette komplett reinigen, indem du die einzelnen Bestandteile gründlich mit heißem Wasser abwäschst. Das reicht, bitte keine normalen Putzmittel verwenden! Damit du die Reinigung nicht vergisst, lass dich von deinem Handy erinnern.

STREUWECHSEL

Je nach Streuart (klumpende oder aufsaugende Streu) wird wöchentlich entweder der gesamte Inhalt der Toilette ausgewechselt oder nur neu aufgefüllt. Nach einer Komplettreinigung wird die Toilette mit gänzlich neuer Streu mindestens 5 cm hoch aufgefüllt, damit deine Katze richtig ausgiebig scharren kann.

EXPERTEN-TIPP

DESINFIZIEREN BEI KRANKHEIT NÖTIG

Gab es in den vergangenen Wochen vor der Komplettreinigung kätzische Magenprobleme, richtigen Durchfall oder einen Wurmbefall, empfiehlt es sich, die Toilette beim Auswaschen zusätzlich mit handelsüblichem Desinfektionsspray von eventuellen Keimen zu befreien.

Wichtig: Achte bei der Reinigung darauf, dass deine Katze nicht mit dem Desinfektionsmittel in Berührung kommt.

KATZENTOILETTE SELBST GEMACHT

In keinem Katzenhaushalt dürfen Toiletten fehlen. Stelle sie an einen störungsfreien Ort, von dem aus deine Katze ihre Umgebung gut im Blick haben. Sie muss so groß sein, dass deine Katzen problemlos darin scharren können.

MATERIAL

- Aufbewahrungsbox (mind. 36 x 55 x 23 cm groß)
- dünner Wasserschlauch
- Cuttermesser oder Dremel
- Schere
- Alleskleber
- wasserfester Stift

Aus einer Aufbewahrungsbox kannst du in vier Schritten schnell und einfach ein stilles Örtchen für deine Stubentiger selbst kreieren. Den Deckel der Aufbewahrungsbox benötigst du nicht, da es eine offene Katzentoilette wird. Diese Form hat den Vorteil, dass sich unangenehme Toilettengerüche nicht in einem geschlossenen Raum konzentrieren und dass deine Katzen nicht gegen Wände starren müssen.

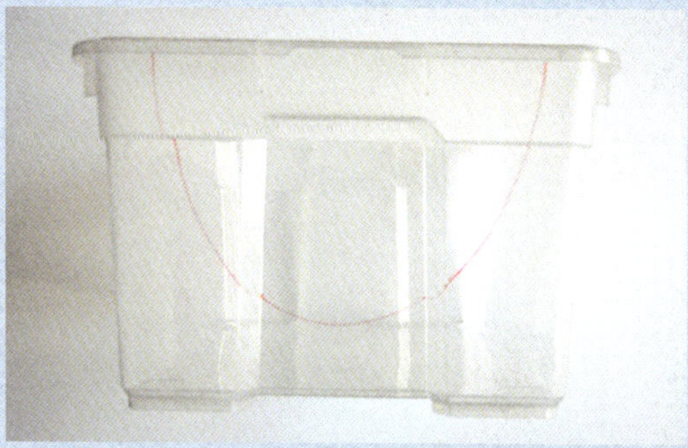

1. Als Erstes zeichnest du den ovalen Einstieg mit dem Stift genau an. Tipp: Der Deckel eines ovalen Bräters eignet sich hervorragend. Der Einstieg sollte 5 cm hoch sein.

2. Dann schneidest du den vorgezeichneten Eingang mit einem Cuttermesser oder alternativ mit einem Dremel (= Multifunktionsgerät in Minigröße) aus.

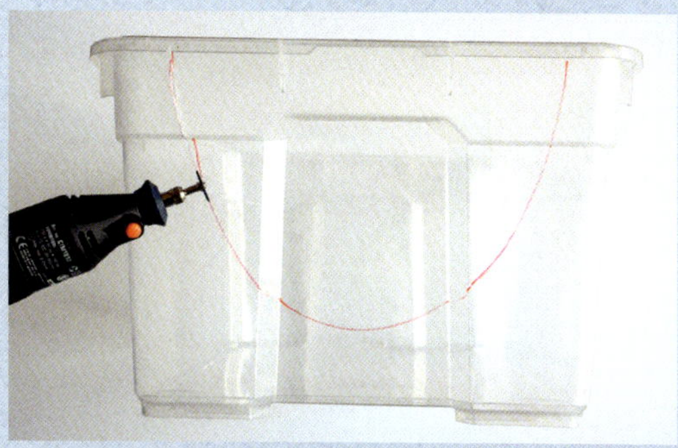

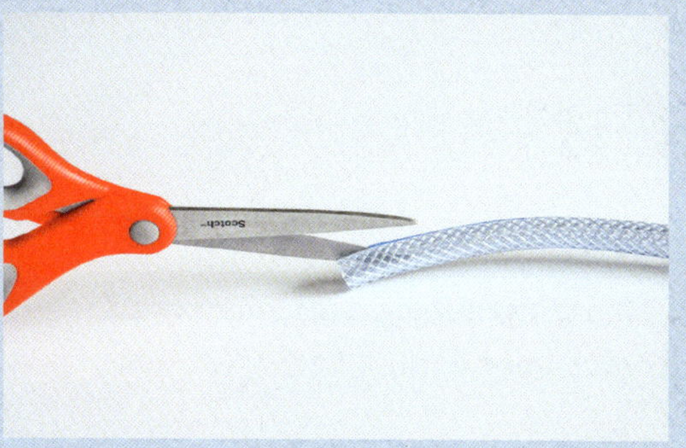

3. Miss in etwa die Länge des Wasserschlauchs aus, die du benötigst, um den Einstieg zu ummanteln. Dann schneide das Schlauchstück der Länge nach auf.

4. Um die genaue Länge zu ermitteln, klemmst du den Schlauch an den Eingang. Stimmt die Länge, nimmst du etwas Kleber und verbindest den Schlauch fest mit der Aufbewahrungsbox.

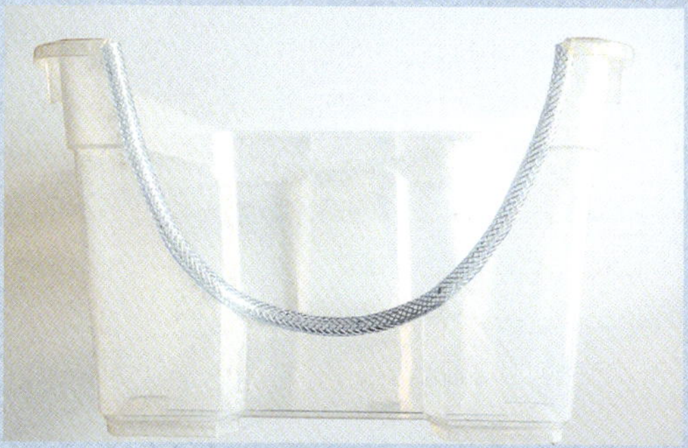

TOILETTENVORLEGER AUS AUTOMATTE

Katzen haben ein unglaubliches Talent, die Streu nicht nur komplett umzuwühlen, sondern sie überall zu verteilen. Abhilfe schafft eine Streuauffangmatte, die du ganz leicht selbst machen kannst.

MATERIAL

- Automatte
- Schere
- Cuttermesser
- evtl. Schneidematte

Stelle die Katzentoilette auf die umgedrehte Automatte und zeichne den Schnittbereich an bzw. ritze ihn gleich mit einem Cuttermesser an. Danach trennst du den Ausschnitt komplett von der Matte mithilfe einer Schere oder des Cuttermessers. Fertig.

Tipp: Verwende als Unterlage beim Schneiden am besten eine Schneidematte.

TOILETTENMÜLLEIMER AUS WINDELEIMER

Wohin mit den Hinterlassenschaften aus der Katzentoilette? Sie jeweils in einzelnen Beuteln zum Hausmüll zu geben ist nicht nur umständlich, sondern auch nicht umweltschonend. Es geht einfacher, und zwar wesentlich.

MATERIAL

- Windeleimer
- Mülltüte bzw. Biomülltüte
- einmalig: originale Windeleimer-Kassette

Wickle anstelle der Nachfüllbeutel einen normalen Müllsack oder die Biovariante um die Kassette und setze sie im Windeleimer ein. Der Eimer hält dank seiner Klappe die Gerüche im Inneren, und du kannst einen großen Beutel statt vieler kleiner zum Müll bringen.

Tipp: Verwende biologisch abbaubare Streu wie Pinienstreu und Biomülltüten, dann kannst du alles zusammen in der Biotonne entsorgen.

KATZENSTREU WÄHLEN

Katzen sind eigenwillig. Dies zeigt sich besonders bei der Katzenstreu. Es soll sogar Katzen geben, die nur auf echter Erde ihr Geschäft verrichten können. Die Suche nach der richtigen Streu kann also durchaus kompliziert sein.

Es gibt sowohl mineralische als auch organische Streu, die den Harn durch Verklumpen bindet, und solche, die ihn aufsaugt. Organische Streu auf Basis von Holz, Stroh oder Getreide ist biologisch abbaubar.

TIPPS ZUR PERFEKTEN AUSWAHL

- Keine Zusätze wie Düfte, Puder oder eingefärbte Streu: Gefahr von Augen- und Schleimhautreizungen.
- Nimmt deine Katze die Streu partout nicht an, wähle eine andere. Stresse deine Katze nicht zusätzlich, etwa durch unsinnige Ideen wie das Auslegen von Alufolie.
- Kaufe Probepackungen, um die jeweilige Streu in aller Ruhe ausprobieren und vergleichen zu können.
- Da Kitten Katzenstreu gern mal kosten, verwende bei Katzen, die jünger als ein Jahr sind, keine klumpende Streu. Sie könnte zu Magen-Darm-Problemen führen.
- Mag Mieze ihre gewohnte Streu plötzlich nicht mehr, protestiert sie gegen etwas in ihrem Lebensumfeld.

EXPERTEN-TIPP

GRÜNER TEE IN DER KATZENSTREU BINDET GESTANK

Katzenkot stinkt enorm, und oft kostet es Überwindung, ihn aus der Katzentoilette zu entfernen. Allerdings gibt es einen Trick, der zumindest den Großteil der Luftverschmutzung bindet: grüner Tee. Mische drei leicht gehäufte Esslöffel (ca. 20 g) davon mit der Streuschaufel gut unter die Katzenstreu. Gib bei jedem Streuwechsel erneut die gleiche Menge grünen Tee dazu.

SCHAUFEL AUS EINER FLASCHE

Eine Schaufel ist wichtig, um die Hinterlassenschaften in der Katzentoilette zu entfernen. Doch oft ist die Schaufel unauffindbar oder geht ohne Vorwarnung zu Bruch. Da hilft dir dieser Trick auf die Schnelle.

MATERIAL

- leere, ausgespülte Rohrreiniger-Flasche
- Schere
- wasserfester Stift
- Cuttermesser

Abhilfe schafft etwas, was du aus dieser Perspektive garantiert noch nie gesehen hast: eine Rohrreiniger-Flasche. Was auf den ersten Blick unmöglich erscheint, entpuppt sich auf den zweiten als geniale Idee, die du eines Tages vielleicht gebrauchen kannst. Notwendig sind nur ein paar Utensilien, etwas Kraft und Ausdauer.

1. Entferne das Etikett auf der Rückseite der Flasche, um später nicht drumherum schneiden zu müssen.

2. Zeichne mit dem Stift die Umrisse der Schaufel wie auf dem Bild zu sehen an. Wenn du etwas abrutschst, zeichne einfach neu. Die falschen Linien stören nicht weiter, da sie sich auf der Unterseite befinden.

3. Schneide dann die Schaufel mithilfe des Cuttermessers entlang deiner vorgezeichneten Linien aus.

4. Nun musst du nur noch die vorderen Ecken der Schaufelfläche wie abgebildet abrunden – und schon ist deine neue Schaufel einsatzbereit.

FELLWECHSEL UNTERSTÜTZEN

Im Frühjahr und im Herbst verlieren Katzen die meisten Haare, denn dann ist der Fellwechsel angesagt. Der Sinn dahinter ist einfach: So sind Katzen immer der Jahreszeit entsprechend mit mehr oder weniger Fell bekleidet.

Katzen verbringen bis zu dreieinhalb Stunden täglich mit der Fellpflege. Ihre raue Zunge ist der Grund, weshalb sie dafür kein Wasser benötigen: Dort befinden sich kleine Stacheln (Fadenpapillen), womit sie die abgestorbenen Haare aus dem Fell kämmen.

SO UNTERSTÜTZT DU DEINE KATZEN

Du kannst deine Katzen mit regelmäßigem Bürsten beim Fellwechsel und Haarverlust unterstützen. Du nimmst ihnen dadurch einiges an Fell ab, was sie nicht mehr in der Wohnung verteilen können und nicht hochwürgen müssen, wenn sie die Haare beim Putzen verschlucken. Außerdem regst du die Durchblutung der Haut an.

Tipp: Damit deine Katzen verschluckte Haare auf normalem Weg ausscheiden können, gib ihnen ca. alle zwei Wochen eine kleine Messerspitze Süßrahmbutter. Von Malzpaste rate ich ab, sie enthält fast nur Zucker und Lockstoffe.

EXPERTEN-TIPP

FELLWECHSEL BEI FREIGÄNGERKATZEN UND WOHNUNGSKATZEN

Bei Katzen mit regelmäßigem Freigang sind die Dauer des Tageslichts und die Temperatur die ausschlaggebenden Faktoren für den Fellwechsel. Sie haben deshalb ein Sommer- und ein Winterfell.

Bei reinen Wohnungskatzen sieht der Zyklus des Fellwechsels etwas anders aus, denn sie erleben kaum Temperaturschwankungen. Künstliches Licht lässt die Tage für ihren Organismus zudem länger und unregelmäßig wirken. Daher haaren Wohnungskatzen das ganze Jahr über fast gleichmäßig.

FELLPFLEGE MIT SPÜLBÜRSTE

Die tägliche Fellpflege ist für deine Katzen selbstverständlich. Dennoch genießen sie es, wenn du sie bürstest. Für das schnelle Entfernen bereits abgestorbener Haare zwischendurch kannst du auch eine Spülbürste verwenden.

MATERIAL

- Spülbürste

1. Gewöhne deine Katzen langsam an die Spülbürste, indem du mit ihnen damit spielst.
2. Beginne dann, deine Katzen damit zu bürsten. Sammle die anfallenden Haare, denn manche Katzen neigen dazu, ihre eigenen Fellbüschel zu verspeisen.

Tipp: Wenn du das Spiel mit der Bürste in den Alltag integrierst, wird die Fellpflege allein durch deine Aufmerksamkeit deinen Miezen gegenüber zum wahrhaftigen Genuss.

KATZENHAARE ENTFERNEN

Katzenhaare befinden sich einfach überall, besonders intensiv jedoch auf allem, mit dem Katzen öfter in Berührung kommen, wie Schlafplätze oder die Couch. Zur Reinigung dienen Fusselrollen. Doch es geht auch viel einfacher!

MATERIAL

- Haushaltshandschuh

1. Ziehe den Handschuh über deine Hand.
2. Streiche damit gleichmäßig und stets in einer Richtung über die zu reinigende Fläche.
3. So kannst du ganz einfach die Katzenhaarbüschel zusammenwischen und dann entfernen.

DIE KÖRPERPFLEGE UNTERSTÜTZEN

Ohrenmilben, erkennbar als kleine braune Pünktchen in den Ohrmuscheln, können Katzen nicht selbst entfernen. Hier ist deine Unterstützung gefragt. Die Krallen zu schneiden ist zum Beispiel nötig, wenn eine Kralle einwächst.

... AN DEN OHRMUSCHELN

MATERIAL

- trockenes Papiertaschentuch oder Kosmetiktuch

1. Nimm ein trockenes, unbenutztes Taschen- oder Kosmetiktuch ohne Zusätze und wische damit behutsam die Ohrmuschel der Katze aus. Reinige wirklich nur den für dich sichtbaren Bereich des Ohres. Den Gehörgang sollte der Tierarzt reinigen.
2. Siehst du an der Ohrmuschel kleine braune Punkte, versuche sie alle zu entfernen. Allerdings ohne deine Samtpfote zu stressen.

Tipp: Auch wenn deine Katzen dies beim ersten Mal nicht sonderlich mögen, ist es nur eine Frage des Trainings und der Belohnung, bis sie es sich gefallen lassen. Am besten legst du das Ohrreinigungstuch jedes Mal, wenn du deine Katzen streichelst, neben sie. Berühre auch hin und wieder damit die Ohren, ohne sie zu reinigen.

… AN DEN KRALLEN

MATERIAL

- Krallenschere (bitte nie eine Nagelschere oder einen Nagelknipser)

1. Lenke deine Katzen mit etwas ab, mit dem sie sonst nicht spielen dürfen. Strampeln sie nicht mehr, streichle sie und starte mit dem Krallenkürzen.
2. Sind die Krallen eingezogen, drücke leicht auf den Pfotenballen, damit sie sichtbar werden.
3. Halte die Krallenschere im rechten Winkel zur Kralle, dann kürzt du richtig. Schneide bei hellen Krallen nur die durchsichtige Hornschicht ab. Bei den rosa Bereichen verletzt du Nerven und Blutgefäße. Dunkle Krallen lass am besten vom Tierarzt kürzen.
4. Belohne deine Katzen nach dem Schneiden, damit sie das Prozedere als positiv abspeichern. Mache dies, auch wenn es nicht perfekt funktioniert hat.

KLEMMSCHUTZ AN TÜREN

Es gibt Bereiche im Haushalt, die für deine Katzen nicht verschlossen sein dürfen, wie der Raum mit Futter und Wasser und der mit der Toilette. Damit Türen nicht versehentlich zufallen können, schafft ein Klemmschutz Abhilfe.

MATERIAL
- 2 unterschiedlich gefärbte Fleecedecken, mind. 160 cm lang
- Schere (alternativ Rollschneider und Schneidematte)

Zeichne auf jeder Decke über die gesamte Länge je zwei Bahnen mit 5 cm Breite an. Schneide die vier Bahnen aus. Dann knotest du die Enden aller Streifen mit ca. 10 cm Abstand zum Ende zusammen. Am einfachsten lässt es sich auf deinen Beinen flechten.
Um den Klemmschutz an der Tür zu befestigen, öffnest du den Knoten, schneidest zwei der vier Streifen ab und knotest die restlichen zwei Streifen zusammen.

1. Klemme den Knoten zwischen deine Oberschenkel, breite die Streifen kreuzförmig aus und wiederhole die folgenden Schritte: Den linken Streifen über den oberen legen.

2. Den oberen Streifen legst du über den von links kommenden Streifen und über den rechten Streifen.

3. Lege den rechten Streifen über den von oben kommenden und über den unteren Streifen. Den unteren Streifen legst du über den von rechts kommenden und ziehst ihn durch die Schlaufe, die sich beim linken Streifen gebildet hat.

4. Alle Streifen fest zusammenziehen. Wiederhole Step 1 bis 3, bis die Streifen noch etwa 10 cm lang sind. Öffne den Anfangsknoten und knote die jeweiligen Enden von zwei Streifen zusammen.

TABLETTENGABE ERLEICHTERN

Musst du einer kranken Katze Tabletten verabreichen, gestaltet sich deren Gabe oft mehr als schwierig. Routine und das Üben bestimmter Abläufe kann im Krankheitsfall für Mensch und Katze den Stress ziemlich reduzieren.

... SPIELERISCH

MATERIAL

- Tablette
- Leckerli
- Messer/Rouladennadel
- Fummelspiel

1. Nimm ein Lieblingsleckerli deiner Katze, in dem du ohne größere Anstrengungen eine Tablette verstecken kannst.
2. Bohre mit einem Messer oder einer Rouladennadel ein Loch in das Leckerli. Achte darauf, dass es nicht auseinanderbricht.
3. Stecke die Tablette so hinein, dass sie nicht mehr herausragt und sicher hält.
4. Lege die Leckerli-Tablette mit zwei oder drei Snacks zum Beispiel in ein Fummelspiel. Lass deine Katze danach pföteln und ihre Beute fressen.

Tipp: Hast du mehrere Katzen, dann stelle sicher, dass die Katze, die die Tablette benötigt, sie tatsächlich erhält. Daher sollten keine »Fremdfresser« im Raum sein.

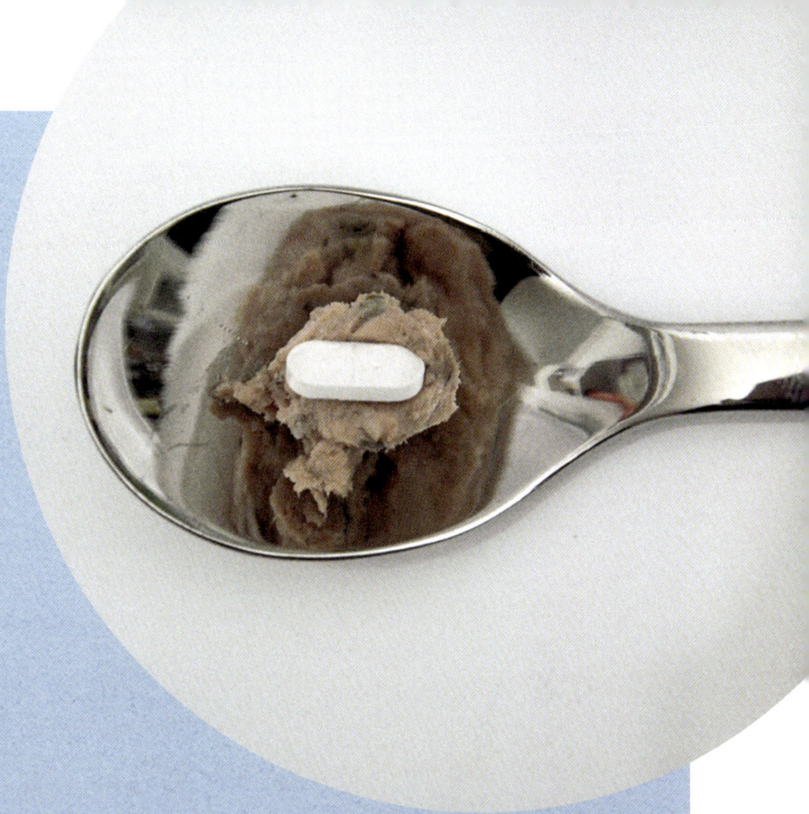

… IN LEBERWURST VERSTECKT

MATERIAL

- Tablette
- ein Stück Leberwurst, etwa doppelt so groß wie die Tablette
- Teelöffel

1. Gib die Leberwurst auf einen Teelöffel und lege die Tablette auf die Leberwurst auf dem Löffel.
2. Verstecke nun die Tablette so in der Leberwurst, dass sie nicht mehr sichtbar ist.
3. Reiche diese Kugel deiner Katze.

Tipp: Wenn deine Katze Leberwurst nicht mag, dann kannst du es ebenso mit einem Leckerli oder mit anderem Nassfutter versuchen, in das du die Tablette hineinstecken kannst.

REZEPT GEGEN DURCHFALL

Hat sich eine Katze den Magen verdorben, ist es als Erstes wichtig, Sofortmaßnahmen zu ergreifen. Das gewohnte Futter hat vorerst ausgedient, stattdessen benötigst du frisches Hühnchen, Wasser, Reis und einen Kochtopf.

Koche ein Huhn in Wasser. Gib weder Salz noch andere Gewürze dazu. Parallel kochst du etwas Reis richtig pampig wie Milchreis. Ist alles maximal nur noch lauwarm, zerkleinere das Huhn und serviere es mit einem Teelöffel Reis pro Mahlzeit.

WESHALB REIS?

Was normalerweise in der kätzischen Ernährung verteufelt wird, ist bei akutem Durchfall ein Wundermittel, denn Reis sorgt dafür, dass sich der flüssige Darminhalt etwas verfestigt. Jedoch sparsam dosiert: Ein nicht gehäufter Teelöffel Reis pro Fellnase und Mahlzeit genügt.

KEIN SALZ!

Salz entzieht dem Katzenkörper Wasser. Genau wie bei uns Menschen. Das solltest du jedoch gerade in einem solchen Moment bei deiner Katze vermeiden. Daher würze die Suppe überhaupt nicht.

EXPERTEN-TIPP

ACHTUNG: NUR KURZ HALTBAR!

Hast du abends frisch gekocht, ist das durchgegarte Hühnchen bis zum nächsten Morgen unbedenklich. Friere den Rest vorsorglich nicht ein und stelle ihn auch nicht in den Kühlschrank. Sollten deine Katzen noch einmal Hühnchen mit Reis benötigen, bereite es erneut frisch zu.

Wichtig: Verbessert sich der Durchfall nach 24 Stunden nicht, hilft nur noch der Anruf beim Tierarzt. Frage ihn am besten gleich, ob du deine Katze am nächsten Tag nüchtern vorbeibringen sollst.

ABKÜHLUNG IM SOMMER

An heißen Tagen haben es deine Katzen schwer. Im Gegensatz zu dir können sie ihr Fell nicht einfach ausziehen. Um ihnen trotzdem etwas Abkühlung zu verschaffen, benötigst du nur ein paar Dinge aus dem Haushalt.

Sollte eine deiner Katze vor Hitze anfangen zu hecheln, sorge schnellstmöglich für Abkühlung! Doch eine Katze einfach vor einen Ventilator zu setzen ist keine gute Idee. Durch den Luftzug kann es zu einer Bindehautentzündung kommen. Auch die Katze abzuduschen wird eher zu einer unschönen Überraschung führen: zu einer Erkältung.

NASSES HANDTUCH

Mach ein Handtuch mit kaltem Wasser nass, wringe es aus und lege es auf den Liegeplatz deiner Katze. Oder lege das Handtuch vorsichtig auf sie. Wende es immer wieder.

FEUCHTER LAPPEN

Befeuchte einen Waschlappen mit kaltem Wasser und streichle damit über das Fell deiner Katze. Der Waschlappen sollte dabei natürlich nicht mehr tropfen.

KÜHLAKKU

Lege den Kühlakku in ein Handtuch gewickelt in das Lieblingsbettchen deiner Katze oder ohne Handtuch unter das Kissen. Deine Katze darf aber nie direkt mit dem Akku in Kontakt kommen.

ENTWISCHEN VERHINDERN

Kaum gehst du zur Tür, schrillen bei deinen Katzen alle Alarmglocken. Sie laufen dir hinterher, und du versuchst, irgendwie so hinauszukommen, dass garantiert nur du auf der anderen Seite der Tür stehst. Manchmal ist das einfacher gesagt als getan. Helfen können dir Routine, jede Menge Ausdauer und immer eine Handvoll Snacks.

Fliegende Leckerlis lenken die Katzen von der Tür ab.

Trainiere deine Katzen, indem du vor dem Werfen der Leckerlis gut hörbar ihre Namen sowie »eins, zwei, drei …« rufst. Wirf erst, wenn sie sich im Raum befinden. Wiederhole diese Übung häufiger, nicht nur, wenn du die Wohnung verlassen willst.

ALLES KLAR

Haben deine Katzen das Prinzip verstanden, laufen wie gewünscht in den Raum und dann den Snacks hinterher, kannst du die Wohnung verlassen. Aber nicht trödeln!

WAS TUN BEIM HEIMKOMMEN?

Möchtest du in die Wohnung gelangen, hilft das alles leider wenig. Am besten ist es, wenn du einen Beutel oder die Handtasche in Katzenhöhe in den Türspalt hältst, damit deine Katzen nicht entwischen können.

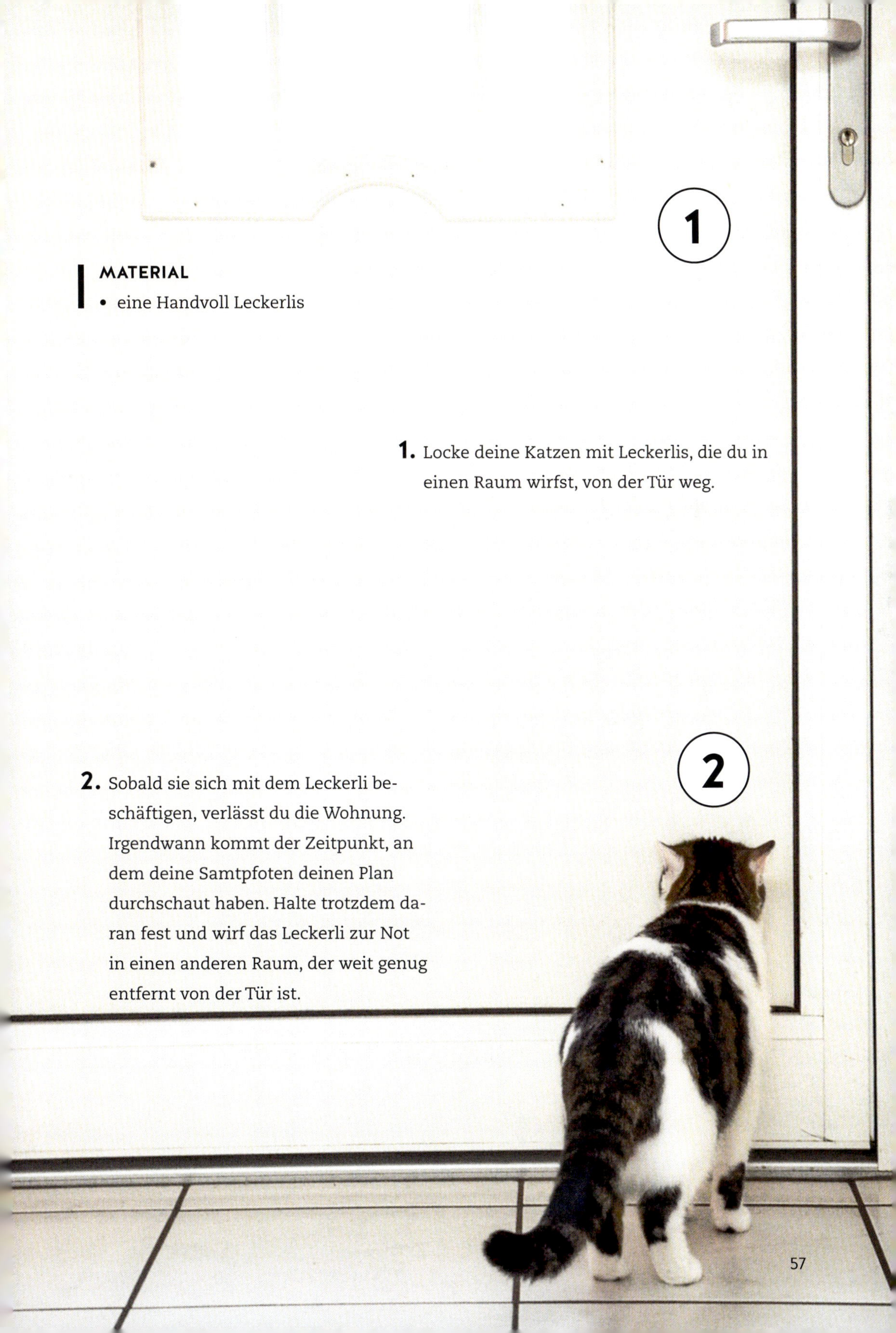

MATERIAL

- eine Handvoll Leckerlis

1. Locke deine Katzen mit Leckerlis, die du in einen Raum wirfst, von der Tür weg.

2. Sobald sie sich mit dem Leckerli beschäftigen, verlässt du die Wohnung. Irgendwann kommt der Zeitpunkt, an dem deine Samtpfoten deinen Plan durchschaut haben. Halte trotzdem daran fest und wirf das Leckerli zur Not in einen anderen Raum, der weit genug entfernt von der Tür ist.

KATZEN FERNHALTEN

Deine Katzen sollen nicht in einen bestimmten Bereich der Wohnung gelangen. Doch wie hältst du sie fern, ohne sie böswillig zu ärgern? Nutze etwas, was unsere Samtpfoten gar nicht mögen: beißende Gerüche.

... MIT ZITRONE

MATERIAL

- Zitrone
- Messer
- Schale oder Unterteller

1. Schneide die Zitrone in möglichst viele Scheiben.
2. Lege die Scheiben in eine Schale oder auf einen Unterteller und platziere sie an der Stelle, die deine Katzen meiden sollen.
3. Der Geruch, den die Zitrone verströmt, sorgt dafür, dass deine Katzen dieses Gebiet meiden.
4. Wechsle die alten Zitronenscheiben regelmäßig gegen frische aus.

... MIT KAFFEESATZ

MATERIAL
- Kaffeesatz
- Löffel
- Schale

1. Koche einen Bohnenkaffee oder Espresso. Nimm den Kaffeesatz aus der Maschine und lass ihn abkühlen.
2. Schütte den Kaffeesatz in die Schale.
3. Stelle die Schale mit dem Kaffeesatz an die Stelle, an die deine Katzen nicht rangehen sollen.

Hinweis: Wechsle den Kaffeesatz regelmäßig aus, damit er nicht schimmelt.

TÜRÖFFNEN VERHINDERN

Wie clever Katzen sein können, weißt du spätestens dann, wenn eine deiner Samtpfoten durch Hochspringen an die Türklinke jede Tür problemlos öffnet. Jetzt heißt es, einen Tick cleverer zu sein, damit deine Katzen keinen Erfolg haben.

MATERIAL

- Inbusschlüssel (Winkelschraubendreher)

1. Schraube die Madenschraube auf der Unterseite des Türgriffs mithilfe eines Inbusschlüssels heraus.
2. Ziehe die Türklinke aus ihrer Halterung und bringe sie nach unten oder oben zeigend wieder an.
3. Drehe die Madenschraube wieder in die Türklinke hinein.

Tipp: Damit du keine Türgriffe umdrehen musst, kannst du stattdessen einfach Drehknaufe an die jeweiligen Türen montieren.

AN DIE TRANSPORTBOX GEWÖHNEN

Nichts ist für unsere Katzen schlimmer als der Transport zum Tierarzt, noch dazu in etwas, was sie kaum kennen: der Transportbox. Nimm der Box ihren Schrecken, indem du deine Katzen rechtzeitig daran gewöhnst.

MATERIAL

- Transportbox/-korb
- gebrauchtes Handtuch oder Lieblingsdecke deiner Katzen

1. Stelle die Box oder den Korb an eine Stelle im Wohnraum, an der sie dich nicht sonderlich stört.
2. Lege ein Handtuch mit deinem Geruch oder eine Lieblingsdecke hinein.
3. Streichle deine Katzen vor und in der Box und spiele mit ihnen darin.
4. Lass die Box so zu einem Alltagsgegenstand werden, den deine Katzen kennen und mögen.

KRATZSÄULE KEGEL

Die Zeit der langweiligen Einheits-Kratzstämme ist vorbei! Mit diesem Hingucker bringst du nicht nur deine Katzen zum Staunen. Den Kegel kannst du in verschiedenen Formen über das Internet bestellen.

MATERIAL
- Verkehrskegel
- Holzbrett (36 x 38 cm)
- Stoff (41 x 43 cm)
- Tacker
- Sisal (35 m, 6 mm Ø)
- Bastelkleber
- Heißklebepistole

Der Kegel steht auf einem Brett. Lasse es dir im Baumarkt passend zuschneiden. Als Vorbereitung klebst du den Kegel mittig auf das Brett. Dann schneidest du in die Mitte des Stoffs ein Loch, das etwas kleiner ist als der Fuß des Kegels, so liegt der Stoff gut an. Fertige aus Wolle noch zwei Bommeln (siehe Seite 127).

Tipp: Um den Kegel zu beschweren, befülle ihn einfach mit ein paar Kieselsteinen.

1. Klebe den Stoff auf das Brett, tackere ihn auf der Unterseite fest.

2. Wenn der Bastelkleber getrocknet ist, beginnst du mit dem ersten Sisalkreis auf dem Stoff. Nun umwickelst du den Kegel bis nach oben, indem du jede Runde mit der Heißklebepistole festklebst. Wickle mit viel Kraft den Sisal um den Kegel.

3. Kurz vor der Spitze klebst du die Bommeln, die du bereits aus Wolle gemacht hast, am Kegel fest.

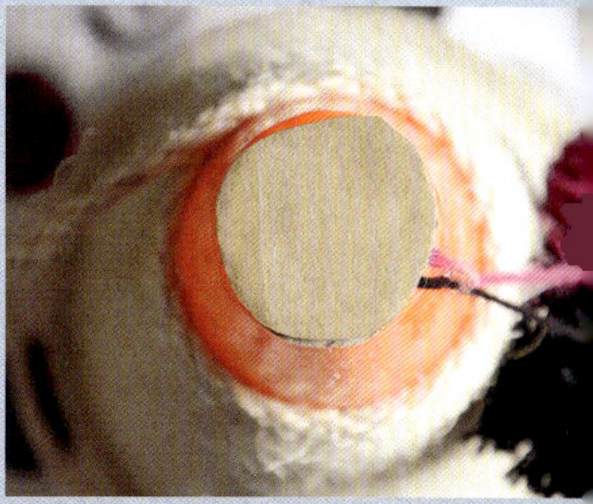

4. Danach wickelst du den Sisal weiter bis kurz vor dem oberen Ende. Schneide einen Kreis aus Pappe aus, um das Loch des Kegels abzudecken, und klebe ihn an. Wickle den Sisal für einen schönen Abschluss komplett über die Pappe.

KAKTUS ALS KRATZ- UND KLETTERBAUM

Jeder Katzenhaushalt ist im Besitz von mindestens einem Kratzbaum. Einer mit Wow-Effekt ist jedoch eher sehr selten anzutreffen. Doch diesen Zustand kannst du mit etwas Kreativität ändern.

MATERIAL

- verschiedene Abflussrohre
- Pflanztöpfe (Ø wie Rohre)
- Sisal (125 m, 6 mm Ø)
- Sisalteppich (45 x 55 cm)
- Filz
- Holzbrett (28 x 48 cm)
- Tacker, Heißklebepistole

Der Kaktus-Kletterbaum aus leeren Rohren ist ausreichend stabil für Katzen, die bis zu fünf Kilo wiegen. Sollten deine Tiger mehr auf die Waage bringen, empfiehlt es sich, zumindest die untere Hälfte des mittleren Rohrs mit Steinen oder Sand zu befüllen.

Hinweis: Bitte ändere dann den Standort des Kaktus' nur vorsichtig, sonst kann wegen des Gewichts die Bodenplatte abbrechen.

1. Färbe das Sisalseil mit Lebensmittelfarbe. Lass es anschließend gut trocknen.

2. Lege den Sisalteppich auf das Holzbrett, zeichne die Aussparung für das untere Rohr an und schneide den Teppich entsprechend aus. Klebe und tackere den Sisalteppich auf dem Holz fest. Dann klebst du das untere Rohrstück in der Aussparung fest.

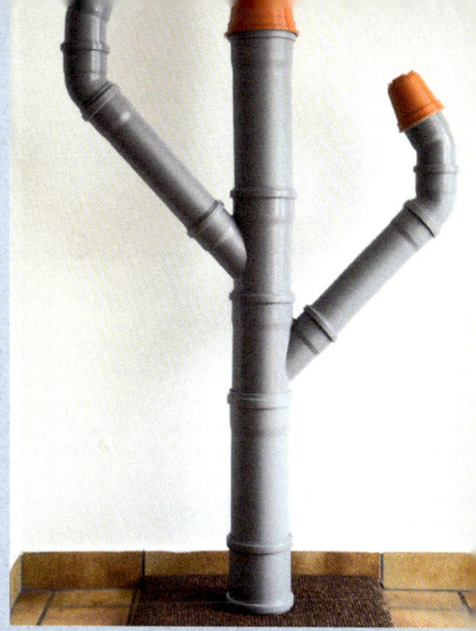

3. Stecke die geraden Rohre und die Verbindungsstücke so zusammen, wie dein Kaktus später aussehen soll. Auf jedes Rohrende steckst du als Abschluss einen Pflanzentopf.

4. Wickle den Sisal mit der Klebepistole fest um die Rohre. Jede zweite Sisalbahn wickelst du um das abzweigende Rohr. Kaschiere die Gabelungen mit Sisalstücken.

5. Schneide aus dem Filz Blätter, die du wie eine Blume faltest, und klebe sie an den Kaktus.

KRATZBRETT AN DER TÜR

Um ausreichend Kratzflächen zu schaffen, fehlt manchmal schlichtweg der notwendige Platz. Aber auch in kleineren Wohnungen gibt es eines ganz sicher: Türen. Da liegt es doch nahe, die Dinge katzengerecht umzuwandeln, die bereits vorhanden sind.

Den Anfang des Sisalseils tackerst du fest.

Als Vorbereitung beklebst du die beiden langen Kanten und eine der kurzen Kanten des Holzbretts mit doppelseitigem Klebeband und bringst darauf das Sisalseil an. Es umrundet also die Kanten einmal. Spare dabei die spätere obere Kante aus. Mit diesem Seil hängst du später das Kratzbrett an die Tür, bemiss es deshalb lang genug. Damit das Brett sicher hängt, schlinge das Seil mehrfach um die Türklinke.

SCHÖNERE OPTIK

- Um dem Kratzbrett optisch mehr Struktur zu verpassen, kannst du zwei verschiedene Sisalstärken verwenden.
- Sorge für Farbenvielfalt, indem du das Sisalseil vorher mit Lebensmittelfarbe einfärbst.

Wichtig: Lasse nach Fertigstellung das Kratzbrett mindestens eine Nacht gut trocknen und auslüften.

MATERIAL

- Sisalseil (ca. 50 m)
- Holzbrett (50 x 15 cm)
- Heißklebepistole
- doppelseitiges Klebeband
- Tacker

1. Tackere den Anfang des Sisalseils fest. Umwickle das Brett von unten nach oben mit dem Seil. Fixiere es dabei an einzelnen Stellen zusätzlich mit der Heißklebepistole.

2. Am oberen Ende des Bretts angekommen, schneidest du das Sisalseil ab und klebst es mit der Heißklebepistole fest.
3. Die Enden des Seils, das du um die Kanten des Bretts geklebt hattest (siehe links), befestigst du an der Türklinke.

KRATZEN IN DER WAAGERECHTEN

Damit unsere Fellnasen ihre Krallen nicht immer nur vertikal am Kratzbaum stutzen müssen, sondern sich auch beim Strecken pflegen können, ist eine liegende Kratzmöglichkeit ideal. Weiterer Vorteil: Sie benötigt nicht viel Platz.

… AUF DEM KRATZBRETT

MATERIAL

- Laptophalter
- Sisalmatte
- Rollschneider
- Schneidematte
- Kleber

1. Schneide die Sisalmatte auf die Größe des Laptophalters zu. Benutze als Unterlage am besten eine Schneidematte.
2. Klebe die Sisalmatte dann mit Alleskleber auf dem Laptophalter fest an.
3. Warte einen Tag, damit der Kleber gut getrocknet ist, bevor du die neue Kratzgelegenheit deinen Samtpfoten zur Verfügung stellst.

... AUF EINEM KRATZKREIS

MATERIAL

- Verpackungskartons
- Stift
- Lineal
- Rollschneider oder Schere
- Schneidematte
- Heißklebepistole

1. Schneide die Kartons so zu, dass du lange flache Pappstücke erhältst.
2. Dann zeichnest du die Bahnen auf. Achte darauf, dass jede Bahn die gleiche Breite von 5 cm besitzt.
3. Nun schneidest du die Bahnen zu. Am besten geht dies mit einem Rollschneider auf der Schneidematte.
4. Die ausgeschnittenen Streifen rollst du zu einem Kreis auf, bis er die von dir gewünschte Größe besitzt. Dabei klebst du jeden Streifen mit der Heißklebepistole am vorherigen Pappstreifen fest.

Tipp: Am besten eignen sich einwellige Kartons. Sie lassen sich leichter zuschneiden und biegen als Kartons aus zwei- oder dreiwelliger Pappe.

BÜRSTE FÜR GANZKÖRPERMASSAGE

Was gibt es für deine Katzen Schöneres, als sich das Gesicht und den Körper mit feinen Borsten zu massieren? Da wird geschnurrt, gespielt und die Welt herum kurz ausgeblendet. Besonders im Bereich der Schnurrhaare, die besonders empfindlich bei Berührungen sind, leisten die Bürsten ganze Arbeit, wenn es um Wohlfühlen und Entspannung geht.

Kritische Begutachtung der »Massagebank«.

Als Erstes musst du die Heizkörperbürsten vom Griff trennen und dazu den bürstenfreien Teil auf beiden Seiten mit der Eisensäge bis auf 1 cm kürzen. Dann bohrst du mit der Bohrmaschine vier Löcher für die beiden Bürsten mit dem gewünschten Abstand in das Holzbrett. Nun wickelst du den Stoff um das Holzbrett und fixierst ihn auf der Unterseite mit einem Tacker. **Hinweis:** Statt einer Eisensäge kannst du auch einen Bolzenschneider oder einen kräftigen Seitenschneider verwenden.

ENTSPANNUNG ZU JEDER ZEIT

Lass die Bürste für die Ganzkörpermassage auch dann stehen, wenn du selbst nicht zu Hause bist. So hat deine Katze immer die Möglichkeit, ganz eigenständig für eine Entspannungsauszeit zu sorgen.

MATERIAL

- 2 Heizkörperbürsten
- Holzbrett (30 x 60 cm)
- Stoff (35 x 65 cm)
- Antirutschmatte
- Bohrmaschine
- Eisensäge
- Tacker

1. Biege die Bürsten zu Bögen.

2. Stecke sie dann durch den Stoff fest in die Löcher, die du in das Brett gebohrt hast.

3. Befestige die Antirutschmatte mit dem Tacker an der Unterseite – und schon können sich's deine Katzen gut gehen lassen.

STYLISHE KRATZVASE

Stylishes Kratzmobiliar ist schwer zu finden. Wie wäre es mit einem unikaten Designerstück, das es so tatsächlich nur ein einziges Mal gibt, und das auch nur bei dir zu Hause?

MATERIAL

- Vase mit rauer Oberfläche
- Holzbrett (55 x 30 cm)
- Stoff (60 x 35 cm)
- Sisalseil (70 m, 6 mm Ø)
- Holzkleber
- Heißklebepistole
- Tacker

Für diese Kratzvase eignet sich als Oberfläche zum Beispiel Holz. Die Mindesthöhe sollte 59 cm und der Durchmesser mindestens 23 cm betragen. Zum Beschweren der Vase helfen Steine. Als Dekomaterial eignen sich Kunststoffpflanzen wie Gräser. Sie sind wenig ausladend und können von deinen Katzen nicht zerstört werden.

Hinweis: Steht die Vase auf rutschigem Boden, klebe noch eine Antirutschmatte auf die Rückseite.

1. Umwickle das Holzbrett mit dem Stoff und tackere ihn an der Rückseite des Bretts fest.

2. Stelle nun die Vase auf die Oberseite des Holzbretts und schneide um den Fuß ein Loch in den Stoff. Klebe die Vase in den Ausschnitt. Lass einen Tag vergehen, damit der Kleber richtig austrocknen kann.

3. Beginne unten damit, das Sisalseil mithilfe der Heißklebepistole um die Vase zu wickeln.

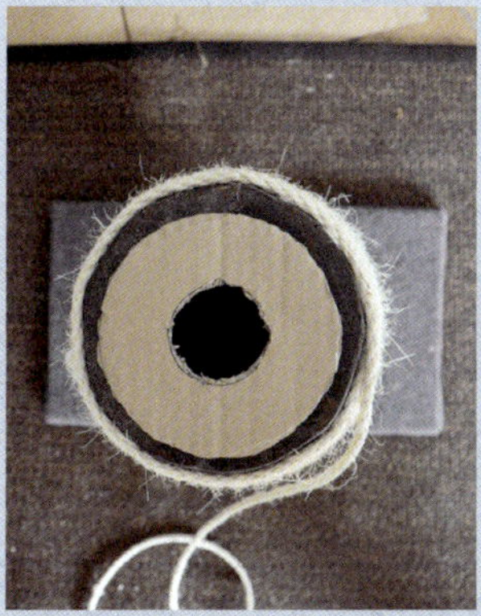

4. Bist du oben angekommen, befülle die Vase mit Steinen. Schneide einen Pappkreis aus und klebe ihn auf die Öffnung.

5. Wickle das Seil weiter, bis die Öffnung der Vase dem Durchmesser für den Deko-Strauch entspricht.

MINI-KLETTERWAND ALS BAUMERSATZ

Katzen lieben es draußen, an Bäumen und allem, was sich ebenso dafür eignet, hinaufzuklettern. In den Wohnräumen ist es allerdings eher etwas schwierig, einen passenden Baumersatz zu finden. Doch Abhilfe kannst du mit einer Kombination aus Teppich, Teppichleisten und ein paar Schrauben schaffen.

Klettern wie in freier Wildbahn …

SO GEHT'S

Bohre zunächst in jede Leiste drei Löcher. Lege dann eine der Leisten an das obere Ende des Teppichs und drücke die Schrauben fest durch die Löcher und durch den Sisal. Halte den Teppich mit der Leiste an die vorgesehene Stelle. Bringe ihn mithilfe der Wasserwaage in die perfekte Position, klappe die obere Seite etwas um und markiere an der Wand die Bohrlöcher. Die Bohrlöcher sollen später vom Teppich verdeckt sein.

Nun bohrst du die markierten Löcher, setzt die Dübel ein und schraubst die Schrauben durch die Leiste und den Teppich in die Dübel in der Wand. Am unteren Ende des Teppichs verfährst du ebenso. Glätte den Teppich vorher so gut wie möglich.

Tipp: Für das Anbringen dieser Kletterwand ist es am besten, wenn du dir helfende Hände organisierst.

MATERIAL

- Sisalteppich in gewünschter Größe
- 2 Teppichleisten in der Breite des Teppichs
- 6 Schrauben plus Dübel
- Bohrmaschine
- Wasserwaage

1. Bestelle den Sisalteppich am besten auf Maß und an den Rändern gekettelt, damit er später nicht ausfranst.

2. Bringe ihn mithilfe der Leisten an der gewünschten Stelle an der Wand an. Die Bohrlöcher sollen vom Teppich verdeckt sein.

LIFEHACKS SPIEL & SPASS

Um sich nicht zu langweilen, ist es insbesondere für Wohnungskatzen wichtig, dass sie ihrem Spiel- und Jagdtrieb regelmäßig nachkommen können. Ein paar kreative Ideen dafür findest du in diesem Kapitel.

T-SHIRT-KNOTEN ZUM JAGEN

T-Shirts sind nicht nur zum Tragen da. Gewusst wie, entsteht am Ende ihrer Lebenszeit daraus ein einzigartiges Katzenspielzeug, das deine Katzen garantiert lieben und jagen werden.

MATERIAL

- 1–3 T-Shirts (je nach Farbwunsch)
- Schere
- Lineal
- Stift

1. Schneide aus dem oder den T-Shirts insgesamt drei Streifen à 8 cm Breite und 25 cm Länge.
2. Lege die Streifen übereinander und schneide die Enden gerade.
3. Knote die drei übereinanderliegenden Streifen mittig zusammen. Fertig!

SPIELSTANGE AUS EINER SOCKE

Oft verschwindet von unseren Socken einer unauffindbar in der Waschmaschine, oder nur einer hat ein Loch. Gib der nun einsamen Socke noch eine Chance durch eine neue Lebensaufgabe!

MATERIAL

- Socke
- leere Küchenrolle
- Band
- Filzkugeln
- optional: Catnip-Spray

Stecke die Küchenrolle in die Socke und verschließe die offene Seite mit dem Band. Schiebe die Rolle so weit wie möglich zur verschlossenen Seite. Schneide das Fußende der Socke ab. Fülle die Filzkugeln in die Rolle und verschließe dann diese Seite ebenfalls mit dem Band.

Tipp: Die Filzkugeln sorgen für ein dumpfes, für Katzen anregendes Klopfen. Um die Spielstange noch interessanter zu machen, sprühe sie mit Catnip-Spray ein.

CATWALK IN LUFTIGER HÖHE

Wandregale sind wirklich eine tolle Erfindung. Wo aus den verschiedensten Gründen ein Schrank einfach keinen Platz findet, werden sie an die Wand montiert und beherbergen Bücher, Lampen und die unterschiedlichsten Deko-Elemente. Du kannst ihnen jedoch auch eine ganz andere Funktion zuweisen: als Aussichtsplattformen für deine Katzen.

Sisalteppich ist griffig und strapazierfähig.

Montiere die Regale entsprechend der Gebrauchsanweisung in verschiedenen Höhen an die Wand. Nutze als Aufstiegshilfe entweder einen Kratzbaum oder setze ein paar Bretter von unten wie Stufen.
Schneide den Sisalteppich auf die benötigte Größe für die Liegeflächen. Umrande die obere Fläche jedes Bretts mit doppelseitigem Klebeband und klebe die auf Maß geschnittenen Sisalteppiche darauf.

SISAL IST WICHTIG

Aufgrund seiner rauen Struktur ist ein Sisalteppich besonders gut für den Catwalk geeignet, damit deine Katzen beim Sprung von einem Regalbrett zum anderen nicht über das Ziel hinausrutschen.

MATERIAL

- Wandregale (Traglast von mindestens 15 kg)
- doppelseitiges Klebeband
- Sisalteppich
- Bohrmaschine
- Schere

1. Montiere die Regale in verschiedenen Höhen an die Wand.

2. Beklebe jedes Regalbrett mit einem Sisalteppich.
3. Überlasse deinen Katzen ihr luftiges Reich.

KARTONHAUS ZUM SPIELEN

Nach einer Großbestellung bleiben meist jede Menge Kartons zurück. Statt sie zu entsorgen, kannst du zwei davon aufeinanderkleben und zu einem Spielhaus mit zwei Etagen, richtiger Tür und Hausnummer gestalten.

MATERIAL

- 2 große Verpackungskartons
- Filz
- Bastelkleber
- doppelseitiges Klebeband
- Cuttermesser

Der obere Karton steht mit den ausgeklappten Flächen auf dem komplett geschlossenen unteren Karton. Die ausgeklappten Flächen werden an die Größe des unteren Kartons angepasst. Überlege dir im Vorfeld, wo sich Fenster oder Gucklöcher befinden sollen. Die Tür sollte in der Mitte einer Fläche und nicht am Rand liegen, damit das Haus auch noch stabil steht, wenn deine Katzen auf und in den Kartons herumspringen.

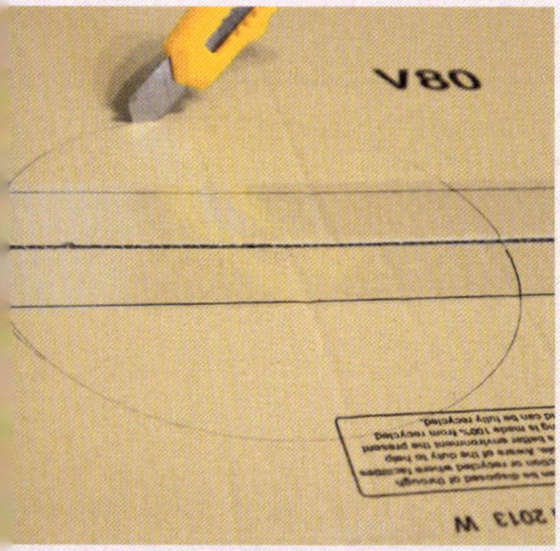

1. Zeichne alle Öffnungen an und schneide sie mit dem Cuttermesser aus. Denke auch an das Loch zwischen den beiden Kartons, damit deine Katzen nach oben springen können.

2. Beklebe das Dach und den Boden des unteren Kartons mit Filz. Schneide dann ein Loch an der Stelle des inneren Übergangs in den Filz. Stabilisiere den oberen Karton mit einer zusätzlich aufs Dach geklebten Pappe.

3. Klebe beide Kartons mit doppelseitigem Klebeband aufeinander, indem du den oberen Karton auf einer Seite aufklappst, die überstehenden Flügel maßgerecht abschneidest und beide Kartons vereinst.

4. Überlege dir die Deko-Elemente aus Filz und bereite sie vor. Lass dabei deiner Kreativität freien Lauf.

5. Beklebe zum Abschluss die Außenseiten mit den vorbereiteten Deko-Elementen.

SELBST GEMACHTE ANGELSPIELE

Spielzeuge, die den Jagdtrieb deiner Katzen befriedigen, sind schnell selbst gestaltet und können bei erfolgreicher Zerstörung durch deine Stubentiger einfach neu zusammengesetzt werden.

Neben den rechts genannten Utensilien benötigst du einen Holzstab, an dem du die Flugobjekte mit dem Wollfaden befestigst, sowie verschiedene Bänder, um die Aufmerksamkeit deiner Katzen zu erregen. Lass die Angel vor ihr in der Luft tanzen.

Hinweis: Achte bei der Auswahl aller Materialien darauf, dass es sich um natürliche Produkte handelt, die nach Möglichkeit mit biologischer Farbe gefärbt wurden.

PAPPVOGEL

Zeichne Figuren deiner Wahl auf Pappe, etwa einen Vogel, und schneide sie aus. Befestige sie dann an einem Wollfaden. Statt Pappe kannst du auch dicken Filz nehmen.

FEDERANGEL

Binde mehrere nicht zu kleine Federn zusammen und befestige sie an einem Wollfaden.

BOMMEL-ANGEL

Stelle eine kleine Bommel her, indem du die Wolle um eine Essgabel wickelst. Achte darauf, dass deine Katzen beim Spielen die Fäden nicht fressen.

FUMMELBRETT MIT KORKEN

Snacks und Leckerlis aus Küchenrollen oder zwischen Korken zu pföteln fördert nicht nur die motorische Geschicklichkeit deiner Katzen. Es ist auch wie ein kleines Intelligenztraining. Irgendwann haben sie den Trick heraus.

MATERIAL

- Weinkorken
- Karton
- Pappe (35 x 65 cm)
- 3 leere Küchenrollen
- Cuttermesser
- Heißklebepistole
- Nagelschere

Mit diesem Fummelbrett stellst du deine Katzen vor eine neue Aufgabe und ermöglichst ihnen eine abwechslungsreiche Art des Pfötelns. Wichtigstes Arbeitsmaterial sind dabei Korken von Weinflaschen. Allerdings musst du nun nicht (Un-)Mengen an Weinflaschen leeren, um an Korken zu gelangen. Frage in Restaurants oder Weinhandlungen, die auch Verkostungen anbieten, nach, ob du ein paar Weinkorken bekommen kannst.

1. Koche die Korken in sprudelndem Wasser gut zehn Minuten aus, um den verbliebenen Alkohol herauszulösen. Danach trocknen lassen.

2. Schneide mit der Nagelschere, wie links zu sehen, Löcher in die leeren Küchenrollen. Die Enden biegst du nach innen, damit später dort nichts herausfallen kann.

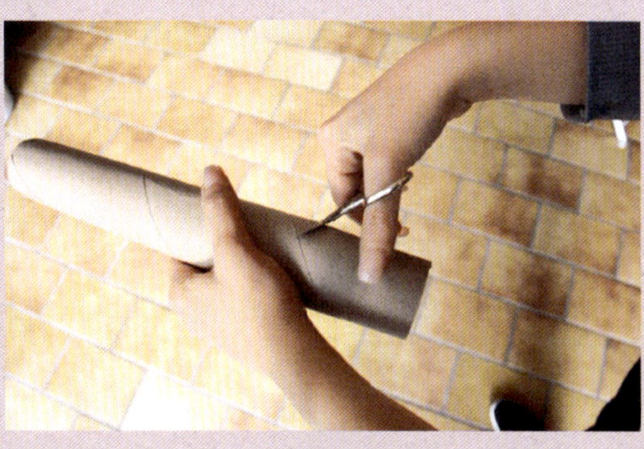

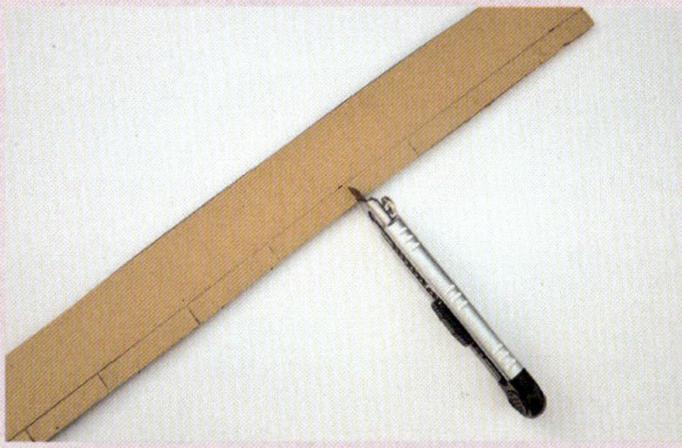

3. Schneide aus dem Karton ca. 5 cm breite Streifen. Schneide sie wie abgebildet am unteren Ende ein. Knicke die eingeschnittenen Bereiche der Streifen abwechselnd nach links und rechts weg. Sie bilden die Klebeflächen der Streifen.

4. Klebe die Streifen mit der Heißklebepistole in Wellenform auf den Boden aus Pappe. Klebe die Korken und die Küchenrollen mit nicht zu großen Abständen ebenfalls auf. Dann verteile die Leckerlis auf dem Fummelbrett.

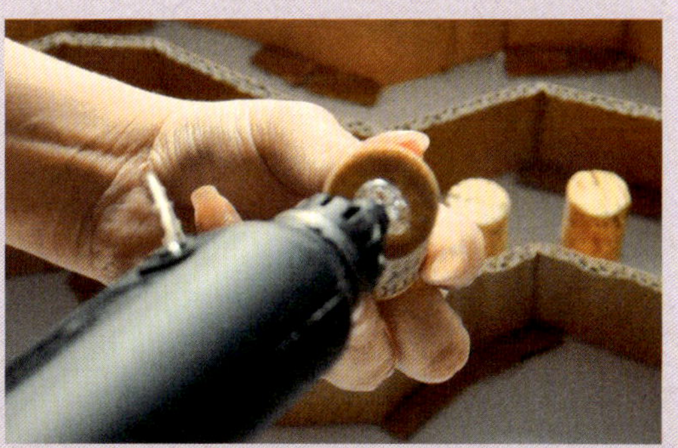

FUMMELBRETT VERTIKAL

Im Laufe des menschlichen Lebens fallen Unmengen an leeren Rollen von Toilettenpapier und Küchenpapier an. Falls du es nicht bereits tust, sammle diese Rollen zukünftig, denn daraus kannst du deinen Katzen einen Leckerli-Parcours basteln, der sie sicher in ihren Bann zieht.

Versteckt sich da nicht noch ein Leckerli?

Der Karton sollte die gleiche Tiefe wie die leeren Rollen des Toilettenpapiers haben. Sind alle deine verfügbaren Kartons tiefer, schneide einen mit einem Cuttermesser zu. Schneide auch alle ausklappbaren Kartondeckel bis auf eine der schmalen Deckelseiten ab.

ROLLE FÜR ROLLE

Setze die leeren Toilettenrollen Reihe für Reihe in den aufrecht stehenden Karton. Klebe dabei jede Rolle mit etwas Kleber an der darunterliegenden Rolle fest. Staple die Rollen so lange übereinander, bis keine mehr in den Karton passt. Lass den Kleber am besten über Nacht trocknen.

MATERIAL

- leere Toilettenrollen
- Verpackungskarton
- Heißklebepistole
- Cuttermesser

1. Stelle den Karton hochkant auf.

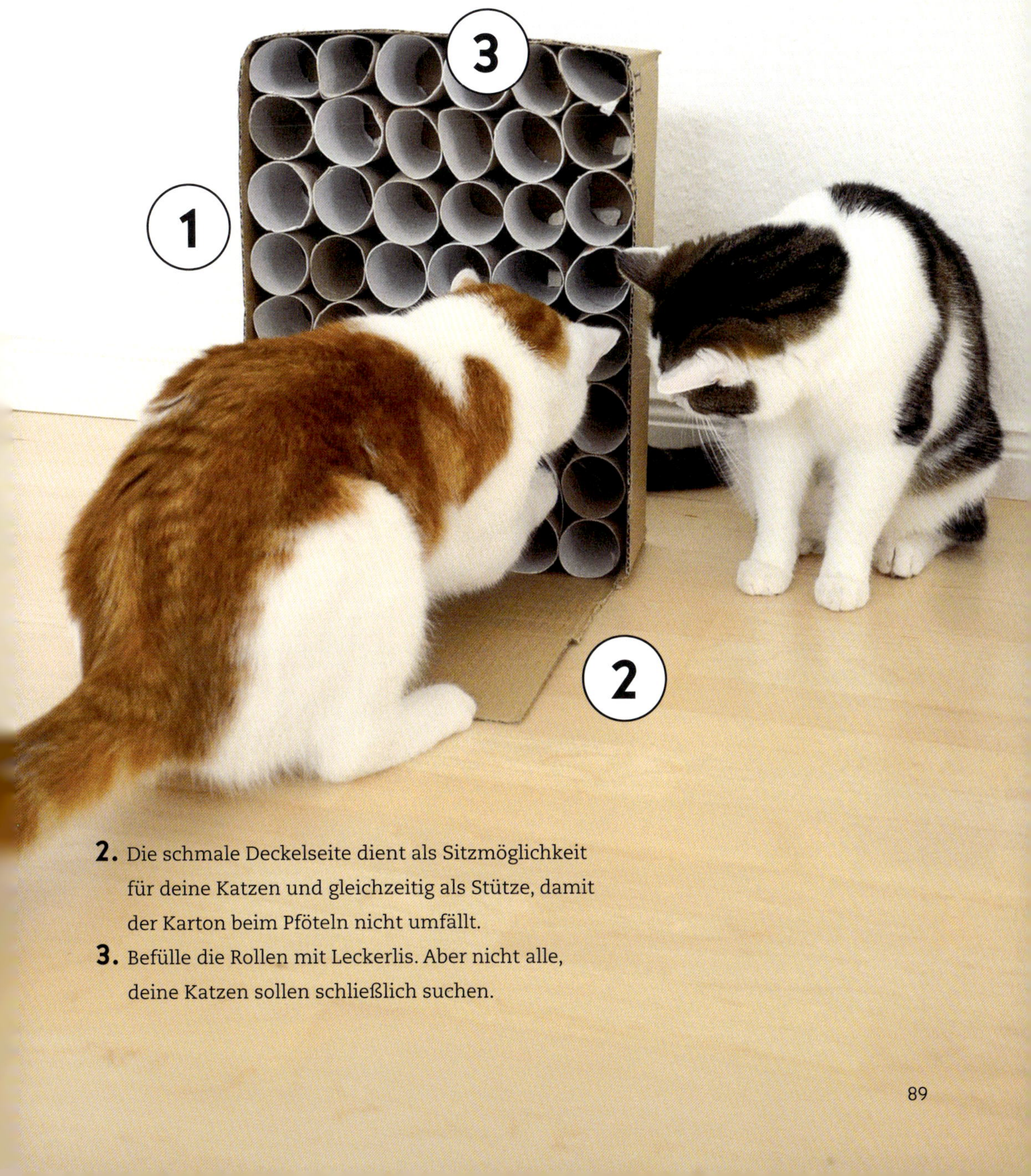

2. Die schmale Deckelseite dient als Sitzmöglichkeit für deine Katzen und gleichzeitig als Stütze, damit der Karton beim Pföteln nicht umfällt.

3. Befülle die Rollen mit Leckerlis. Aber nicht alle, deine Katzen sollen schließlich suchen.

FUMMELBRETT DE LUXE

Dieses Leckerli-Fummelbrett stellt mit seinen verschiedenen Ebenen eine wirkliche Herausforderung dar. Deine Katzen werden dich dafür lieben – und durch sein edles Aussehen passt es in jedes Wohnzimmer.

MATERIAL

- leere Toilettenrollen
- leere Küchenrollen
- dickes Pappbrett
- langer Verpackungskarton
- Heißklebepistole
- Cuttermesser, Schere
- goldfarbene Klebefolie

Auf diesem Fummelbrett befinden sich stehende und liegende Papprollen sowie ein stehender Karton, durch den Papprollen gesteckt sind. Gestalte das Fummelbrett nach deinen Wünschen. Wie du die einzelnen Elemente anbringst, erfährst du rechts.

Lasse den Kleber am besten über Nacht trocknen, bevor du in den Papprollen Leckerlis versteckst.

1. Schneide in den langen Karton in unterschiedlichen Höhen Löcher, durch die du später die Küchenrollen schiebst. Schneide die Löcher so, dass die Rollen kreuzweise stehen.

2. Klebe die Goldfolie um den Karton. Im Bereich der Löcher schneidest du die Folie aus.

3. Schneide den Karton unten an den Kanten ein und klappe die Einschnitte seitlich weg (wie in Abbildung 4). Damit klebst du ihn auf das Brett. Befestige den Karton zusätzlich, indem du einen Kreis aus Folie um den Fuß klebst (siehe Foto Seite 90).

4. Stehende Papprollen schneidest du ein und klebst sie wie den hohen Karton aufs Brett. Beklebe sie mit der Folie und befestige sie mit einem Folienkreis.

5. Liegende Papprollen beklebst du mit Folie und klebst sie wie abgebildet auf das Brett.

FUMMELSPIELE IN DER EBENE

Fummeln bereitet deinen Katzen auch auf kleinem Raum Spaß. Ob Karton, Frischhaltebox, leere Eispackung, mit einigen Löchern in der Oberseite laden sie zum Angeln nach Beute wie Spielzeug oder Leckerlis ein.

... MIT EINER EISPACKUNG

MATERIAL

- leere Eisverpackung
- Schere oder Cuttermesser
- Feuerzeug
- Leckerlis oder Spielzeug

1. Schneide ein paar Löcher in den Deckel der Dose. Brenne die Schnittkanten der Löcher vorsichtig mit dem Feuerzeug aus, falls sie scharfkantig sind, damit sich keine Plastikteile in die Pfoten spießen können.
2. Lege Katzenspielzeug und Leckerlis in die Dose und verschließe sie mit dem Deckel. Deine Katzen sollen alles durch die Löcher herausangeln können.

Tipp: Hast du die Kreise der Löcher vorher angezeichnet, entferne die Farbspuren des Stifts zum Schluss vollständig mit Alkohol.

... MIT DER SPIELBOX

MATERIAL

- schmale Pappschachtel mit Deckel
- Klebeband
- Zirkel
- Cuttermesser
- Schneidematte
- Spielbälle

1. Lege den Deckel der Schachtel umgedreht auf die Schneidematte und zeichne mit dem Zirkel Kreise an. Schneide die Kreise dann mit dem Cuttermesser aus.
2. Verschließe die Schachtel mit dem Lochdeckel und füge beide Teile mit dem Klebeband fest zusammen.
3. Stecke die Spielbälle durch die Löcher. Jetzt können deine Katzen mit dem Pföteln loslegen.

MIT KNISTERFOLIE GEFÜLLTER HÄKELBALL

Die Folie, die sich in fast jeder Verpackung befindet, hat im Normalfall keinen anderen Nutzen, als den Inhalt des Kartons zu schützen. Doch du kannst ihr einen weiteren Verwendungszweck geben, indem du sie als Füllmaterial für Katzenspielzeug verwendest. Das geheimnisvolle Knistern wird deine Katzen faszinieren.

Beute gefangen, Ball tot!

Doch bevor deine Katzen mit dem Ball spielen können, sind deine Häkelkünste gefragt.

UND SO GEHT ES

Du häkelst in Runden. Beginn ist ein Fadenring aus 6 festen Maschen (fM). 2. Runde: Verdopple die 6 Maschen (12 fM). 3. Runde: Verdopple jede 2. Masche (18 fM). 4. Runde: Verdopple jede 3. Masche (24 fM). 5. bis 8. Runde: Häkle jede Masche als feste Masche. Nun kommt die Abnahme. 9. Runde: Häkle 2 fM, die nächsten beiden häkelst du zusammen. So lange wiederholen, bis du wieder 18 fM hast. 10. Runde: Häkle jede 2. und 3. Maschen zusammen (12 fM). Fülle den Ball. 11. Runde: Häkle jede 1. und 2. Masche zusammen (6 fM). Schneide den Faden großzügig ab, ziehe die Schlaufe lang und ziehe mit dem Fadenende die verbliebene Öffnung zusammen. Das Fadenende sichern und nach innen ziehen.

MATERIAL

- Häkelgarn (Lauflänge 160 m/50 g)
- Knisterfolie
- Stopfnadel (stumpf)
- Schere
- Häkelnadel Nr. 3

1. Fülle den Ball nach der 10. Häkelrunde mit Knisterfolie. Zerteile sie vorher und forme kleine Kugeln daraus.

2. Stopfe den Ball nicht zu dicht, sonst knistert er nicht mehr. Füllst du ihn zu locker, verliert er seine schöne Ballform und rollt beim Spielen nicht so gut.

EINFACHE PAPPROLLENSPIELE

Spielzeug, in dem sich noch etwas Fressbares befindet, ist bei den meisten Katzen verständlicherweise besonders beliebt. Diese kleine Überraschung im Alltag kannst du für deine Tiger ganz schnell selbst zaubern.

... AUS KÜCHENROLLE

MATERIAL
- leere Küchenrolle
- Nagelschere
- Leckerlis, etwas kleiner als die Löcher

1. Drücke die Küchenrolle der Länge nach etwas zusammen, damit du die Löcher einfacher hineinschneiden kannst.
2. Falte die Rolle an beiden Enden so zusammen, dass die Leckerlis dort nicht herausfallen können.
3. Lege die Snacks in die Rolle.

... ALS SNACKBALL

MATERIAL

- leere Toilettenpapierrolle
- Stift
- Schere
- Leckerli (so groß, dass es durch die Öffnungen im Ball fallen kann)

1. Schneide die Toilettenpapierrolle in drei gleich breite Streifen.
2. Bemale die Streifen mit einem Muster.
3. Stecke die Streifen zu einer Ballform ineinander. Packe dann das Leckerli hinein.

Hinweis: Mit diesem Snackball kannst du deine Katzen garantiert ein paar Minuten beschäftigen. Länger währt die Spielfreude nicht, denn ohne Kleber ist der Ball schon bald in seine Bestandteile aufgelöst. Allerdings rate ich davon ab, den Ball zusammenzukleben, weil deine Katzen zu nah mit ihren Mäulchen daran sind.

SPANNENDES SPIELNETZ

Die einfachsten Dinge sind doch oft am schönsten. Das gilt insbesondere für die Beschäftigung und das Spiel mit unseren Haustigern. Kennst du Ordnungsnetze für Kinderzimmer? Ein toller Spielort für deine Katzen!

MATERIAL

- Ordnungsnetz
- mehrere Spielbälle

1. Breite das Netz auf seine gesamte Länge aus.
2. Wirf die Spielbälle hinein.
3. Setze dich daneben und spiele durch das Netz mit den Bällen (und deinen Katzen).

SISAL-SPIELROLLE

Können deine Katzen von Dingen, die sich bewegen, nicht genug bekommen und mögen es zudem, diese richtig in die Mangel zu nehmen? Hier kommt ein Tipp, um deine Katzen richtig glücklich zu machen.

MATERIAL

- leere dickwandige Papprolle
- doppelseitiges Klebeband
- Schere
- Sisalstrick (4 mm Ø)
- Band
- evtl. Sekundenkleber

Stich mit der Schere ein Loch oben in die Rolle und ein weiteres gegenüber. Stecke den Anfang des Sisalstricks durch eines der Löcher, halte ihn von innen fest und wickle den Strick fest um die Rolle. Am anderen Ende angekommen, schneidest du ihn ab, steckst ihn durch das Loch und verknotest beide Strickenden im Inneren. Dekoriere die Rolle mit einem Band, das du im Inneren ebenfalls verknotest oder eventuell festklebst.

MINI-ABENTEUERPARK IM KARTON

Um etwas Abwechslung in das Jagd- und Spielverhalten deiner Katzen zu bringen, genügen ein paar Tageszeitungen oder Spielbälle und ein Karton, den du als guter Katzenbesitzer sowieso schon zu Hause hast.

... MIT PAPIERKNÄUEL

MATERIAL
- Karton
- Tageszeitungen
- optional: Leckerlis

1. Reiße die Tageszeitungen seitenweise auseinander und knülle jede Seite zu einer Kugel.
2. Wirf sie in den Karton, bis er richtig voll ist.
3. Platziere optional ein paar Leckerlis, die groß genug sind, um im Karton nicht unauffindbar zu werden. Deine Katzen werden in den Papierbällen wühlen, bis sie auch das letzte Leckerli gefunden haben.

Hinweis: Achte darauf, dass deine Katzen das Papier nicht fressen oder zu viel daran schlecken. Es werden beim Druckprozess zwar kaum noch giftige Stoffe verwendet, aber ganz ohne Zusatzstoffe geht es nicht.

... MIT BÄLLCHEN

MATERIAL
- Karton
- Spielbälle
- Alufolie
- optional: Leckerli

1. Forme aus der Alufolie Bälle, die so groß sind, dass deine Katzen sie nicht verschlucken können.
2. Wirf diese gemeinsam mit Spielbällen und optional auch Leckerlis in einen Karton.
3. Wenn deine Katzen nicht selbst in die Kiste springen, animiere sie, indem du mit den Bällen spielst und sie im Karton hin und her bewegst.

Hinweis: Achte darauf, dass deine Katzen keine Stückchen aus den Alufolienbällen herausbeißen und fressen.

LIFEHACKS KUSCHELN & CHILLEN

Den Großteil des Tages verschlafen Katzen. Deshalb sollte es in einem Katzenhaushalt nicht an gemütlichen Schlafplätzen mangeln. Und da Katzen in ihren wachen Phasen ziemlich agil sind, darf auch die anschließende Entspannung nicht zu kurz kommen.

LEUCHTENDER LIEGEPLATZ

Etwas Häkelkunst und einen LED-Lichtschlauch, mehr benötigst du nicht, um den coolsten kätzischen Rückzugsort überhaupt zu schaffen. Das Wichtigste dafür ist der Lichtschlauch: Er sollte unbedingt mit LED-Lämpchen bestückt sein, damit er nicht heiß wird, wenn deine Katzen es sich darauf gemütlich machen.

Auf Licht gebettet, lässt es sich gut ruhen.

Der Liegeplatz wird von innen nach außen gehäkelt.

1. Beginne zunächst mit 8 Luftmaschen und schließe sie zu einem Ring.
2. In der 1. Runde häkelst du in jede Luftmasche 2 feste Maschen.
3. Ab der nächsten Runde häkelst du den Lichtschlauch in die festen Maschen mit ein. Nimm dabei nach jeder 6. Masche eine Masche zu.
4. Ist das Ende des Lichtschlauchs erreicht, häkelst du zum Schluss noch zwei Reihen feste Maschen, damit der Liegeplatz einen schönen Rand bekommt.
5. Schneide dann das Garn ab, ziehe es durch die letzte Masche auf der Häkelnadel und vernähe es mit einer stumpfen Nadel.

Hinweis: Damit deine Katzen nichts mit dem Kabel anstellen, solltest du den Liegeplatz wegräumen, wenn du nicht daheim bist.

MATERIAL

- 10 m Lichtschlauch für außen und innen mit LED-Lämpchen
- ca. 150 g Acryl-Wolle (100 g/82 m)
- Häkelnadel Nr. 5

1. Welche Farbe der Lichtschlauch hat, ist dir überlassen. Hast du die Wahl zwischen warmem und kaltem Weiß, rate ich zu warmem Weiß. Es geht etwas ins Gelbliche und sorgt für eine gemütliche Stimmung.
2. Der Anfang ist am schwierigsten: Da sich der Lichtschlauch nicht so eng biegen lässt, wird er erst ab der zweiten Runde mit eingehäkelt.
3. Für einen schönen Rand sorgen zwei Extrarunden aus festen Maschen.

RUHEPLATZ IM TIPI

Irgendwann kommt für Vorhänge der Tag, an dem sie entweder nicht mehr passen oder nicht mehr dekorativ sind, weil deine Katzen ihre Krallen daran ausprobiert haben. Für den Müll sind sie aber noch zu schade.

MATERIAL

- Vorhang
- 4 Holzstäbe (je 50 cm lang, Ø 1 cm)
- 4 Holzstäbe (je 1 m lang, Ø 1 cm)
- Schnur
- Kissen

Da deine Katzen sie wahrscheinlich des Öfteren als Klettterersatz benutzt haben, sind sich Vorhang und Vierbeiner bereits bestens vertraut. Diese emotionale Verbindung kannst du erhalten, allerdings auf etwas andere Weise. So ein Vorhang lässt sich nämlich super zu einem Tipi-Bezug umwandeln.

1. Binde die kurzen Stäbe zum Quadrat, je einen langen in die Ecken.

2. Richte die langen Stäbe zeltförmig aus und schnüre sie oben fest zusammen. Lege dann den Vorhang zusammengerafft um die Zeltspitze und binde ihn fest.

3. Ziehe den Vorhang nach unten zu den Stabenden. Schneide Löcher hinein, durch die du die Stäbe durchstecken kannst.

4. Sitzt alles fest, schneidest du den unten überstehenden Vorhang ca. 10 cm unterhalb der Stäbe ab und legst ihn unter dem Quadrat nach innen. Kissen hineinlegen – fertig!

ABHÄNGEN IM KARTON

Statt deine Katzen permanent vor die Wahl zwischen Hängematte oder Liegefläche auf dem Karton zu stellen, kombiniere beides miteinander. So können sie selbst entscheiden, was ihnen gerade lieber ist.

MATERIAL

- Verpackungskarton (60 x 34 x 32 cm)
- dünner Pullover
- Teppich
- doppelseitiges Klebeband
- Cuttermesser

Wenn du keinen deiner Pullover opfern möchtest, funktioniert ebenso alles Stoffartige, das sich etwas dehnen lässt. Auch statt eines Teppichs kannst du andere Materialien verwenden wie Kissenbezüge, Decken oder auch Badvorleger.

1. Schneide mit dem Cuttermesser aus allen vier Seiten des Kartons Rechtecke aus, bis er von allen Seiten wie ein Rahmen aussieht. Der Rahmen sollte mindestens 4 cm stark sein.

2. Stabilisiere die Oberseite und den Boden des Kartons mit doppelseitigem Klebeband und klebe jeweils den Teppich darauf. Wenn du möchtest, kannst du den Karton noch dekorieren.

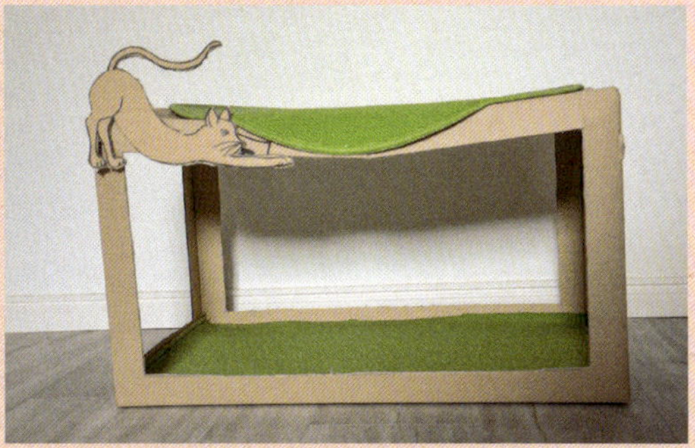

3. Schneide mit dem Cuttermesser vorsichtig an jeder Kante einen Schlitz.

4. Schneide aus dem Pulli ein Rechteck aus, ziehe die Ecken jeweils durch einen der in Step 3 geschnittenen Schlitze und verknote die Enden.

MUSIK-MAGIE

Wenn es dir nicht gut geht oder wenn du den besten Tag deines Lebens hast, unterstreicht deine emotionale Lage eines ganz besonders: Musik. Ganz ähnlich ergeht es auch deinen Katzen.

MATERIAL

- Entspannungsmusik (z. B. CD, Streamingdienst oder Videoplattform)

Viele Stubentiger finden zum Beispiel Ruhe bei instrumentaler oder Chillout-Musik. Sollten deine Katzen also nervös oder ängstlich sein, weil der Tierarztbesuch förmlich in der Luft liegt oder sie gerade von diesem kommen, suche ruhige und entspannende Musik aus und stelle sie auf eine angenehme Lautstärke. Zusätzlich unterstützt du deine Katzen noch, indem du sie sanft streichelst, bis sie eingeschlafen sind oder bis ihre Nervosität spürbar nachlässt.

HANDTUCH ALS HÄNGEMATTE

Katzen lieben Hängematten. Handtücher haben die richtige Größe dafür. Da liegt es doch nahe, beides zu verbinden. Eingespannt zwischen einem zweiarmigen Handtuchhalter, ergibt sich ein Rückzugsort in luftiger Höhe.

MATERIAL

- Handtuch
- zweiarmiger Handtuchhalter
- Schere
- Stift
- zwei Haargummis

Positioniere das Handtuch über den beiden Stangen des Handtuchhalters und markiere vier bis sechs Stellen mit Punkten, an denen es später eingeschnitten wird. Lass mindestens 15 cm Stoff zwischen den Löchern. Schneide die Löcher aus und fädle die Stangen durch die Löcher im Handtuch. Fixiere das Handtuch vorn fest mit zwei Haargummis und schiebe die Stangen so weit wie möglich auseinander.

DOPPELSTOCKBETT IM KOFFER

Zwei Katzen benötigen zwei Schlafplätze – am besten direkt beieinander. Eine Einzelkatze hingegen kann sich bei zwei Ebenen jeden Tag aufs Neue entscheiden, wo genau sie ihren Schönheitsschlaf halten möchte.

MATERIAL
- 2 Koffer ohne Deckel
- 4 Sisalstämme inkl. Schrauben
- 4 höhenverstellbare Möbelfüße inkl. 16 Schrauben
- Heißklebepistole
- Antirutschmatte

Wenn du keine fertigen Sisalstämme aus dem Zoofachgeschäft verwenden möchtest, kannst du sie auch selbst herstellen. Dafür eignen sich beispielsweise Abflussrohre oder Rundhölzer. Umwickle sie mit dem Sisalseil und befestige den Sisal entweder mit doppelseitigem Klebeband oder mit der Heißklebepistole.
Für das Stockbett eignen sich alle Arten von hartschaligen Koffern. Entferne vor der Montage die Deckel.

1. Markiere auf der Rückseite des unteren Koffers in den Ecken die Bohrlöcher für die Sisalstämme (sie sollen nicht überstehen) und bohre sie hinein. Verschraube die Sisalstämme fest mit dem unteren Koffer.

2. Schraube die Möbelfüße auf die Innenseite des unteren Koffers. Bohre in den oberen Koffer je Möbelfuß ein Loch (Ø wie Möbelfuß), setze den oberen Koffer auf und befestige ihn durch Einschrauben der Höhenverstellung.

3. Schneide aus der Antirutschmatte 4 Kreise in der Größe der Sisalstämme aus und klebe sie mit der Heißklebepistole unter die Sisalfüße.

4. Lass den Kleber gut trocknen, bevor du das Doppelbett wieder umdrehst und Decken hineinlegst.

HEIZUNGSLIEGE

Was als Fensterbankersatz oder -verlängerung gedacht ist und als Regal benutzt wird, kann noch viel mehr: warmer Liegeplatz mit schnurrender Katze darauf zum Beispiel. Sieht doch dekorativ aus, oder?

MATERIAL

- Heizkörperkonsole
- Auflagebrett
- doppelseitiges Klebeband
- Sisalteppich

1. Klebe den Sisalteppich mithilfe des doppelseitigen Klebebands auf die Platte.
2. Montiere die Heizkörperkonsole entsprechend der Anleitung auf den Heizkörper und schraube das Auflagebrett an.
3. Ziehe alle Schrauben gut fest und lass deine Katze Platz nehmen.

KARTONHÖHLE MIT FEDER

Katzen und Kisten – eine Liebesgeschichte, die ihresgleichen sucht. Da wird jedes neue Katzenzubehör wie zum Beispiel ein neuer Kratzbaum schnell zur Nebensache, wenn sich daneben noch der Verpackungskarton befindet.

MATERIAL

- Verpackungskarton
- Cuttermesser
- Zirkel
- doppelseitiges Klebeband
- Feder an einem Band
- Buntstift
- Kissen

1. Zeichne zwei etwa 16 cm große Einschlupflöcher sowie seitlich zwei 7 cm große Luftlöcher auf den Karton und schneide sie mit dem Cuttermesser aus.
2. Die offene Seite des Kartons klebst du zu.
3. Stich oberhalb des Eingangs ein Loch in den Karton und fädle das Band mit der Feder durch. Fixiere das Band auf der Oberseite des Kartons.
4. Bemale den Karton und lege das Kissen hinein.

STYLISHES COMPUTERBETT

Computer sind heute aus der Arbeitswelt nicht mehr wegzudenken. Und auch privat haben sie bereits die Wohnungen erobert. Hast du noch einen eMAC im Keller, dann kannst du aus dem Gehäuse eine richtig stylishe Herberge bauen, die deine Katze nicht nur tief schlafen, sondern wie aus einer Höhle heraus die Umgebung im Blick behalten lässt.

Was gibt es heute Neues im world wide web?

Computer mit veralteten Systemen oder Hardwareschäden kommen meistens auf den Recyclinghof. Für das vorgestellte Computerbett benötigst du einen eMAC, der noch keinen Flachbildschirm hatte. Du kannst ihn bei einschlägigen Auktionsportalen kaufen und ihm einen neuen Sinn einhauchen. Allerdings benötigst du zumindest an einem Punkt ziemlich viel Kraft.
Hinweis: Hast du ein anderes Modell zur Hand, dann erkundige dich bitte beim Hersteller oder im Internet, wie du das Innere am einfachsten entfernen kannst.

SICHERHEITSVORKEHRUNGEN

Damit sich deine Katzen später nicht verletzen können, müssen alle scharfkantigen Teile innen und ggf. außen entfernt werden. Alternativ entschärfst du sie mit Pflasterband. Pass auch du beim Entfernen der Technik auf und trage am besten Handschuhe.

MATERIAL

- altes Computergehäuse
- Inbusschlüssel
- Zange
- Decke oder Kissen
- Bastelkleber

1. Schraube mit dem Inbusschlüssel die Front des Computers ab und entferne alles, was zu den Lautsprechern gehört.
2. Entferne das gesamte Innenleben, notfalls mit einer Zange und viel Kraft.
3. Klebe die Front wieder auf das Gehäuse, lass den Kleber trocknen und lege ein Kissen hinein.

HÖHLE IM WÄSCHESAMMLER

Katzen lieben es kuschelig und geschützt, deshalb können sie nie genug Bettchen und Höhlen haben. Für diese Höhle eignet sich jeder Wäschesammler, bei dem ein Stoffsack in ein Gestell eingehängt ist.

MATERIAL
- Wäschesammler
- Filz
- Zirkel
- Stuhlkissen mit Band
- Heißklebepistole
- Wolle
- Schere oder Rollschneider

Um einen Wäschesammler in ein einzigartiges Katzenbett mit Doppelfunktion zu verwandeln, musst du dafür sorgen, dass er nicht so instabil bleibt, wie er von Haus aus ist.

Hinweis: Die Luftlöcher sind nötig, falls der Wäschesammler trotz der Stabilisierung umfallen sollte.

1. Schneide auf der zukünftigen Vorderseite ein Loch als Eingang.

2. Schneide auf allen anderen Seiten kleine Luftlöcher in den Stoff. Schneide aus dem Filz Ringe aus, die du innen und außen als Reißschutz um alle Löcher klebst. Die dabei entstandenen Filzkreise kannst du als Deko-Elemente aufkleben.

3. Umwickle die Seitenträger des Gestells fest mit Wolle, damit sie nicht zusammenklappen können.

4. Die Trageschlaufen des Wäschesammlers abschneiden. Verschließe das obere Netz fest und verknote es. Binde das Stuhlkissen oben an das Gestell. Zum Schluss legst du ein weiteres Kissen in das Innere des Wäschesammlers.

SCHLAF-KRATZ-KEGEL

Dieser Pappkegel ist für Katzen einfach unwiderstehlich, für dich als Baumeister allerdings etwas tricky. Der Kegel besteht aus 46 jeweils 4 cm breiten Pappringen und je einem Kreis als Boden und Dach.

MATERIAL
- 15 Wellpappzuschnitte (2-wellig, 50 x 50 cm)
- Kreisschneider
- Cuttermesser
- Bastelkleber
- Stift

Den Boden bildet ein Pappkreis mit 44 cm Durchmesser. Darauf liegen sieben gleich große Ringe mit je 44 cm Außen- und 36 cm Innendurchmesser. Ab dem achten Ring verkleinert sich der Durchmesser innen und außen jeweils um 1 cm. Den Abschluss bildet ein kleiner Pappkreis mit 6 cm Durchmesser.

Hinweis: Verwende einen Klebstoff auf Wasserbasis.

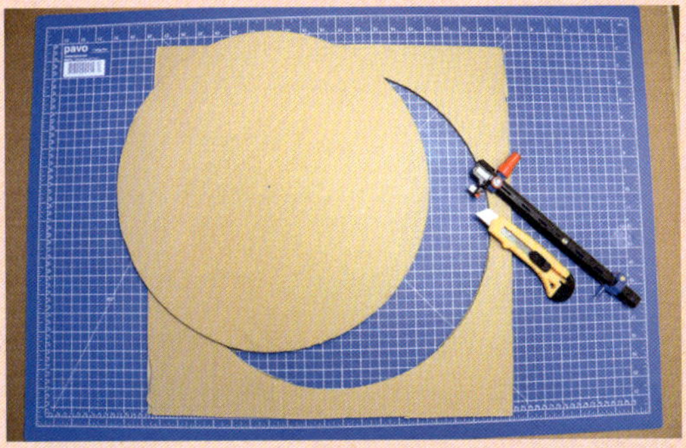

1. Schneide aus 8 Pappen Kreise mit je 44 cm Ø aus. Ziehe dazu mit dem Kreisschneider auf beiden Seiten der Pappe einen Kreis. Die Wellen im Inneren der Pappe trennst du mit dem Cuttermesser. Lege einen Kreis als Boden zur Seite.

2. Stelle den Kreisschneider um 4 cm kleiner und schneide aus den restlichen 7 Kreisen kleinere Kreise mit 36 cm Ø, sodass Ringe entstehen. Sie bilden den Sockel des Kegels. Schneide aus einem der inneren Kreise weitere 4 Ringe mit 36, 28, 20, 12 cm Außen-Ø.

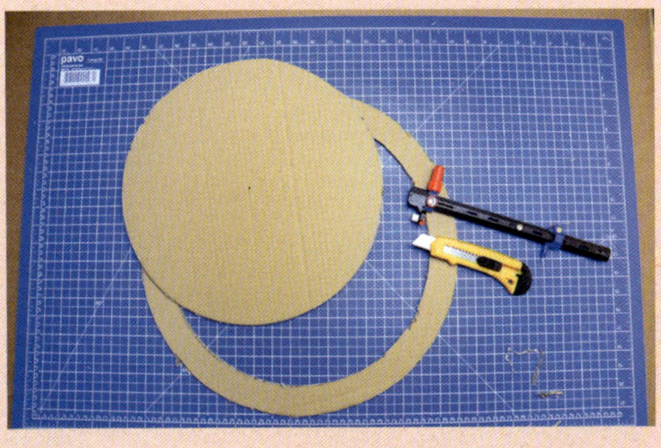

3. Schneide aus den restlichen 7 Pappen:
5 Ringe: 43, 35, 27, 19, 11 cm Ø
5 Ringe: 42, 34, 26, 18, 10 cm Ø
5 Ringe: 41, 33, 25, 17, 9 cm Ø
5 Ringe: 40, 32, 24, 16, 8 cm Ø
5 Ringe: 39, 31, 23, 15, 7 cm Ø
5 Ringe: 38, 30, 22, 14, 6 cm Ø
4 Ringe: 37, 29, 21, 13 cm.

4. Zeichne nun an die aufeinandergelegten Ringe für die Kuppel einen Eingang an und schneide die Ringe entsprechend zurecht. Klebe alle Teile mit dem Bastelkleber fest.

SCHLAFPLATZ AUS EINER JEANS

Dieses Bettchen ist ohne Zweifel ein ausgefallener Rückzugsort für deine Katzen. Hinzu kommt der ökologische Vorteil, denn mit dem Jeans-Schlafplatz bist du beim aktuellen Upcycling-Trend ganz vorn mit dabei!

MATERIAL

- alte Jeans
- Gummis oder Bänder
- Füllwatte
- altes Kissen
- alter Gürtel
- Textilstift
- Deko-Material

1. Drehe die Jeans auf links und schnüre jedes Beinende mit einem Gummi oder Band fest zu, damit die Füllwatte später nicht herausfällt. Anschließend die Jeans wieder umkrempeln.
2. Mit der Füllwatte die Beine und den Rest der Hose gut ausstopfen. Platziere als oberen Abschluss das Kissen auf der Watte und fixiere es mit dem Gürtel.
3. Bringe die Beine in die gewünschte Form. Die Jeans nach Geschmack dekorieren und bemalen.

SPIELBETT IN DREI EBENEN

Ein Servierwagen ist einfach praktisch. Zumindest so lange, bis du ihn nicht mehr benötigst. Doch für deine Katzen ist er eine super Möglichkeit, auf kleinstem Raum zu schlafen, zu spielen und herumzuklettern.

MATERIAL
- Servierwagen
- Sisalseil
- Heißklebepistole
- Kissen und/oder Decken

1. Schraube die Räder vom Servierwagen ab.
2. Umwickle die Stangen mit dem Sisalseil und klebe es mit der Heißklebepistole fest.
3. Lege die Kissen und/oder Decken in die Körbe des Wagens. Fertig!

Tipp: Du kannst das Spielbett noch mit Spielzeug aufpeppen, indem du dieses an einem Band durch das Sisalseil fädelst.

RÜCKZUGSORT IM AUTOREIFEN

Die Kombination aus Kratzen und Schlafen ist für deine Katzen das absolute Highlight. Doch kaum ein Katzenmöbel bietet beides unmittelbar nebeneinander. Da hilft nur: Erschaffe die Kombination einfach selbst.

MATERIAL

- Autoreifen
- ca. 80 m Sisalseil
- Pappe
- Tacker
- Heißklebepistole
- rundes Kissen

Falls es sich um einen benutzten Reifen handelt, schrubbe ihn zuallererst richtig ab. An ihm darf sich später weder Schmutz noch eventuell eingefahrene Nägel oder sonstige Gegenstände mit Verletzungsrisiko für deine Katzen befinden.

1. Tackere das Sisalseil auf der Unterseite des Reifens fest. Umwickle dann den Reifen je Sisalfeld ca. 29-mal. Tackere das Ende wieder auf der Unterseite fest.

2. Damit deine Katze später nicht im Hohlraum des Reifens liegt, achte bei der Umwicklung des Seils darauf, dass jeder Sisal-Abschnitt direkt an den vorhergehenden anschließt.

3. Miss den mittleren Durchmesser des Reifens aus und schneide aus der Pappe einen entsprechend großen Kreis aus. Klebe diese Pappe mit der Heißklebepistole auf die Unterseite des Reifens.

4. Wenn der Kleber gut getrocknet ist, drehst du den Reifen wieder um und legst das runde Kissen in die Höhlung.

BOMMELTEPPICH

Schlafen wie auf Wolken – wer wünscht sich das nicht? Für deine Katzen kann dieser Traum mit ein paar Handgriffen wahr werden. Alles, was du dazu brauchst, ist etwas Geschick und Spaß an der Arbeit mit Wolle.

MATERIAL

- Schurwollgarn für Nadelstärke 10, ca. 400 g
- Schurwollgarn für Nadelstärke 6, ca. 100 g
- Schere
- Antirutschmatte (ca. 40 x 40 cm)

Die Menge der Wollbommeln richtet sich nach der Größe der Teppichunterlage. Für die hier gezeigte Vorlage brauchst du 14 Bommeln in Weiß und 40 Bommeln in Violett. Wie du die Bommeln herstellst, siehst du auf der rechten Seite.

Für das Motiv nimmst du das dünnere Garn, für den Rest des Teppichs das dicke Schurwollgarn.

1. Wickle den Wollfaden mindestens 40-mal um vier Finger einer Hand. Dann fädelst du den Faden mehrmals in der Mitte durch die Finger …

2. … und verbindest ihn mit dem anderen Endfaden durch einen einfachen Knoten. Die Wolle von den Fingern ziehen und den Knoten richtig festziehen. Mit der Schere schneidest du die Schlaufen auf beiden Seiten auf.

3. Wuschle den Bommel etwas zurecht. Auf die in Step 1 und 2 beschriebene Weise stellst du nun die Bommeln in Weiß und Violett her.

4. Die Bommeln knotest du in der gewünschten Anordnung auf der Teppichunterlage fest. Die überstehenden Fadenenden kürzt du auf der Rückseite.

5. Und so sieht der fertige Teppich von oben aus!

KUSCHELIGES PULLOVER-BETTCHEN

Auch wenn du deinen Pullover nicht mehr tragen kannst, ist dies kein Grund, ihn gleich zu entsorgen. Nach dem Motto »Aus alt mach neu« entsteht daraus ganz schnell ein Bett für deine Katzen.

MATERIAL

- alter langärmliger Pulli
- Füllwatte
- Nähnadel
- Faden

Nach dieser Anleitung kannst du im Handumdrehen einen alten Pullover oder ein Sweatshirt in ein gemütliches Katzenbett verwandeln.

Tipp: Das Katzenbett eignet sich auch hervorragend als Polster auf einem Kratzbaum. Stopfe dazu auch den Boden des Kissens mit Füllwatte aus. Befestige am Boden des Kissens und auf der Liegefläche des Kratzbaums je eine Seite eines Klettverschlusses.

1. Breite den Pulli aus. Stülpe die Ärmel ineinander und befülle sie über die Halsöffnung mit Füllwatte, bis alles nach einem kuscheligen Bettchenrand aussieht.

2. Nähe mit Nadel und Faden einmal quer von einer Achsel zur anderen. Stopfe den Bereich oberhalb der Naht ebenfalls von der Halsöffnung aus mit Füllwatte aus, damit sich ein Ring ergibt.

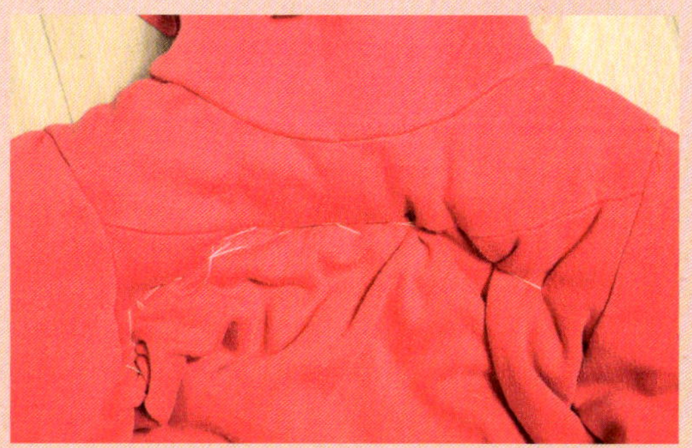

3. Nähe den Kragen des Pullovers, falls nötig, an der Unterseite des Bettchens fest. Schlage die noch überstehenden Pulloverenden ebenfalls auf die Rückseite und nähe sie am Ärmelrand fest.

4. Dann drehst du das Bettchen um und lädst deine Katzen zum Kuscheln ein.

BETTCHEN AUF DIE SCHNELLE

In jedem Haushalt finden sich Gegenstände, die sich spontan und ohne großen Aufwand in ein individuelles Katzenbett verwandeln lassen – und nach Bedarf auch wieder zurück!

... IM HOLZKISTCHEN

MATERIAL
- Holzkiste
- optional: Stifte zum Verzieren
- passendes Kissen

1. Sollte deine Kiste nicht bereits eine Aufschrift oder ein Muster besitzen, denke dir selbst etwas aus und bringe es auf das Holz auf.
2. Lege das Kissen so in die Holzkiste, dass es nicht verrutschen kann.
3. Präsentiere dein Meisterwerk deinen Katzen.

... IN EINER SCHACHTEL

MATERIAL
- Aufbewahrungsschachtel
- passendes Kissen

1. Falte die Schachtel nach Anleitung zusammen. Den Deckel benötigst du nicht.
2. Lege das Kissen in die Schachtel.
3. Fertig.

Hinweis: Achte bei der Auswahl der Kiste oder Schachtel unbedingt darauf, dass sie nicht zu klein für deine Katzen ausfällt.
Statt einer Kiste oder Schachtel eignen sich zum Beispiel auch ein Wäschekorb, Einkaufskorb oder eine große Tasche. Wichtig ist, dass der Korpus keine scharfen Kanten oder Ecken aufweist.

SCHLAFPLATZ MIT AUSSICHT

Wenn es um den perfekten Schlafplatz geht, sind unsere Katzen äußerst kreativ. Suchst du deine auch zeitweise vergebens? Spätestens eine aus dem Bücherregal hervorragende Pfote oder das ungute Gefühl, von oberhalb der Schrankwand beobachtet zu werden, lassen die Suche enden.

Katzen schlafen besonders gern in luftiger Höhe.

Der Grund für die oft sonderbaren Schlafplätze steckt übrigens im Verlangen nach Geborgenheit, im Wunsch nach einer angenehmen Umgebungstemperatur und in der ausgeprägten Neugier unserer Samtpfoten: Natürlich möchten sie vom Schlafplatz aus ihre Umgebung im Blick haben – und das am besten von einer Position aus, an der sie selbst nicht sofort entdeckt werden.

KORB, DECKE, BOHRER = KATZENGLÜCK

Um deinen Katzen das sichere Schlafen in luftiger Höhe zu ermöglichen, eignen sich Papier- oder Aufbewahrungskörbe am besten. Pass bei der Auswahl jedoch auf, dass der Korb stabil, unlackiert oder mit ungiftiger Farbe versehen bzw. am besten komplett unbehandelt ist. Naturmaterialien wie Holz, Bambus und Weide eignen sich besonders gut.

MATERIAL

- Aufbewahrungskorb
- Decke
- Dübel
- Schrauben
- Bohrmaschine
- Schraubenzieher oder Akkuschrauber
- Stift

1. Zeichne die Bohrlöcher mit einem gut sichtbaren Stift an die Wand und in den Korb.
2. Bohre die Löcher in die Wand und in den Korb. Stecke anschließend die Dübel in die Wandlöcher. Schraube den Korb fest an die Wand.

3. Lege zum Abschluss eine Decke in den Korb.

OUTDOOR-FEELING FÜR WOHNUNGSKATZEN

Reine Wohnungskatzen müssen auf einiges verzichten, was ihre Artgenossen mit Freigang zur Genüge kennen: Bäume, Blumen oder auch ganz banale Dinge wie Rasen. Diese Erfahrung lässt sich auch für Stubentiger realisieren.

... MIT BLÄTTERN

MATERIAL

- Laubblätter, Zapfen
- Wasser
- optional: Pappkarton
- Heizung

1. Sammle verschiedene Laubblätter und Fichtenzapfen bei einem Spaziergang im Wald.
2. Wasche alles vorsichtig unter warmem Wasser ab, um den Schmutz zu entfernen.
3. Lege die Blätter und Zapfen zum Trocknen auf eine Heizung oder an eine andere warme Stelle, an die deine Katze nicht gelangen kann.
4. Ist alles getrocknet, kannst du deine Katzen daran schnuppern lassen, ihr das Laub entweder in einem Pappkarton präsentieren oder einfach auf den Boden legen.

Hinweis: Lass deine Katzen nicht an den Blättern und Zapfen herumreißen oder lecken, weil du nicht sicher sein kannst, ob du den Schmutz ganz entfernt hast.

… MIT ROLLRASEN

MATERIAL

- Anpflanzschale
- Erde
- Rollrasen
- Wasser

1. Schütte etwas Erde in die Anpflanzschale.
2. Lege den Rollrasen darauf und schneide ihn ggf. auf die Maße der Schale zu.
3. Gieße den Rasen und gib ihm einen Tag Zeit, sich zu erholen, bevor deine Katzen Bekanntschaft damit machen dürfen.

Tipp: Statt des Rollrasens kannst du Rasen oder Katzengras auch selbst aussäen.

REGAL ALS SCHLAFTURM

Dieser Schlafturm vereint mehrere Vorteile in sich: Er bietet deinen Katzen nicht nur eine Schlafmöglichkeit hoch oben oder mit Höhlencharakter. Durch sein ansprechendes Aussehen lässt er sich auch einfach in jeden Wohnraum integrieren. Und die unteren Bereiche kannst du als Regal für dich nutzen.

Die einfache Variante des Schlafturms

Ein Würfelregal als Schlaf- und Liegeplatz sowie als Kratzbrett hast du ganz sicher schon einmal irgendwo gesehen. Exklusiver wird es, wenn du drei davon aufeinanderstapelst.

STABILES HOCHHAUS

Wer hoch hinausmöchte, muss stabil bauen. Damit die Würfel nicht umstürzen, wenn deine Katzen hoch- oder herunterspringt, musst du sie mit langen Schrauben verbinden. Stelle das untere und mittlere Regal aufeinander und fixiere beide mit Schraubklemmen. Bohre dann in allen vier Ecken Löcher, die durch das mittlere Regal bis ins untere reichen. Verbinde sie fest mit den Schrauben. Verfahre dann mit dem mittleren und oberen Würfel ebenso.

MATERIAL

- 3 Würfelregale
- 8 Schrauben
- Heißklebepistole
- Bohrmaschine
- doppelseitiges Klebeband
- Schraubklemmen
- Sisal
- Kissen

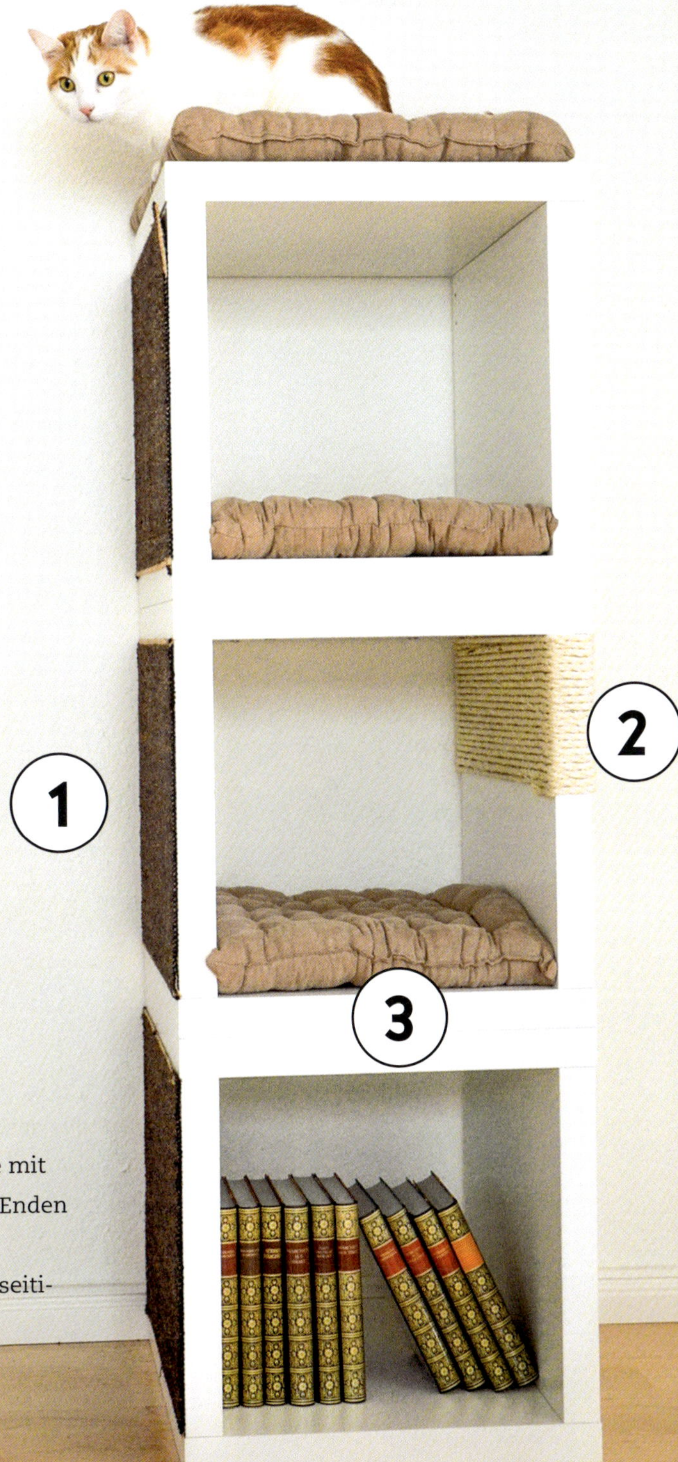

1. Staple maximal vier Würfelregale aufeinander.
2. Umwickle einzelne Regalwände mit dem Sisalseil und befestige die Enden mit Heißkleber.
3. Befestige die Kissen mit doppelseitigem Klebeband.

MEHRLAGIGES LIEGEKISSEN

Schlafen, kuscheln, spielen und manchmal auch streiten: Im Liegen ist dies alles doch wesentlich angenehmer. Zumal, wenn man wie in diesem Fall wie auf Wolken gebettet liegt.

MATERIAL

- 4 verschiedene Bettbezüge
- Volumenvlies (einfach: 220 cm bei 1 m Breite)
- dicker Faden
- Stoffschere
- Nähmaschine, Nähgarn
- Backpapier

Schneide aus jedem Bettbezug je zwei Stoffstücke mit den Maßen 46 x 55 cm. Schneide aus dem Volumenvlies 4 Teile mit den Maßen 46 x 55 cm. Ist das Vlies zu dünn, nimm es doppelt oder dreifach. Dann schneidest du das Papier in der gleichen Größe zu. Falte das Papier zweimal längs zur Hälfte und zweimal quer. Die neun Punkte, an denen sich die Falze schneiden, dienen beim Zusammennähen der Kissen als Schablone.

1. Lege die farblich zusammengehörenden Stoffstücke rechts auf rechts aufeinander.

2. Nähe sie mit 1 cm Nahtzugabe ringsherum zusammen. Spare jeweils eine ca. 10 cm große Wendeöffnung dabei aus. Die Ecken musst du knapp bis zur Naht schräg abschneiden, damit du sie besser ausformen kannst. Wende jeden Bezug und bügle ihn, klappe dabei die Nahtzugabe der Wendeöffnung schön nach innen.

3. Rolle das Volumenvlies etwas zusammen und schiebe es durch die Wendeöffnung in das Kissen. Ziehe es im Inneren zurecht. Die Wendeöffnung nähst du knappkantig mit der Nähmaschine oder per Hand zu. Stelle so auch die anderen Kissen her.

4. Übertrage die neun Knickpunkte vom Papier auf das oberste Kissen. Lege alle Kissen übereinander.

5. An jedem markierten Punkt ziehst du einen Faden durch alle 3 Kissen und verknotest ihn.

SERVICE

PETRA KICHMANN

www.großstadtkatze.de
Der Katzenblog für glückliche Katzen! Artgerechte Haltung trifft auf stylishes Zubehör und Anekdoten aus dem Leben der Mädels.
Folge Großstadtkatze auf

- facebook: www.facebook.com/grossstadtkatze
- twitter: www.twitter.com/metropoliscat
- Instagram: http://instagram.com/grossstadtkatzen
- www.Epilepsie-Katzen.de

Der Blog für Katzenhalter, die sich zum Thema informieren möchten oder selbst einer Katze mit Epilepsie ein Zuhause schenken. Medizinische Begriffe verständlich erklärt, mit Infos zur Erleichterung des Alltags.

SHOPS/BEZUGSQUELLEN

Unter folgenden Adressen kannst du Zubehör für die Lifehacks kaufen:

- Trixie.de
(fertige Sisalstämme)
- Gerstaecker.de
(Bastelzubehör wie Folien, Holzstäbe und Pappplatten)
- yarns4you.de
(Strickgarne und Naturfarben zum Sisalfärben)
- IKEA.de
(Sisalteppich, Würfelregale, Stoffe, Decken und Kissen)
- amazon.de
(Sisal)

BÜCHER, DIE WEITERHELFEN

- Eilert-Overbeck, Brigitte: Katzen. Wohlfühl-Garantie für kleine und große Schnurrer. Gräfe und Unzer Verlag, München
- Eilert-Overbeck, Brigitte: Verspielte Kätzchen. So fühlen sie sich wohl. Gräfe und Unzer Verlag, München
- Grimm, Hans-Ulrich: Katzen würden Mäuse kaufen. Knaur Verlag, München
- Hofmann, Helga: Katzensprache. Kätzisch für Zweibeiner. Gräfe und Unzer Verlag, München
- Linke-Grün, Gabriele/ Ludwig, Gerd: Katzen-Spiele-Box. Gräfe und Unzer Verlag, München
- Linke-Grün, Gabriele/ Wegler, Monika: Katzen verstehen lernen. Gräfe und Unzer Verlag, München
- Pfleiderer, Dr. Mircea/ Rödder, Birgit: Was Katzen wirklich wollen. Gräfe und Unzer Verlag, München
- Rüssel, Katja: Die Katzen-Trickkiste. Gräfe und Unzer Verlag, München
- Skupin, Marcus: Ungiftige Pflanzen für jeden Katzenhaushalt. Kindle Edition
- Streicher, Dr. med. vet. Michael: Katzen gesund ernähren. Gräfe und Unzer Verlag, München
- Zimmermann, Alexander/ Hofmann, Helga: So geht Katze! Gräfe und Unzer Verlag, München

REGISTER

IMPRESSUM

Projektleitung: Elke Sieferer
Lektorat: Angelika Lang
Bildredaktion: Petra Ender, Cover: Natascha Klebl
Satz: Marion Feldmann
Herstellung: Petra Roth
Innenlayout und Klappen: kral&kral design, München
Umschlaggestaltung: independent Medien-Design, Horst Moser, München
Repro: Medienprinzen GmbH, München
Druck und Bindung: F+W Druck- und Mediencenter, Kienberg
Printed in Germany
ISBN 978-3-8338-6448-3
1. Auflage 2018

Umwelthinweis: Dieses Buch ist auf PEFC-zertifiziertem Papier aus nachhaltiger Waldwirtschaft gedruckt.

BILDNACHWEIS
Alle Fotos in diesem Buch stammen von Petra Kichmann.

Syndication:
www.seasons.agency

www.facebook.com/gu.verlag

QUALITÄTS G|U GARANTIE

Liebe Leserin, lieber Leser,

haben wir Ihre Erwartungen erfüllt? Sind Sie mit diesem Buch zufrieden? Haben Sie weitere Fragen zu diesem Thema? Wir freuen uns auf Ihre Rückmeldung, auf Lob, Kritik und Anregungen, damit wir für Sie immer besser werden können.

GRÄFE UND UNZER Verlag
Leserservice
Postfach 86 03 13
81630 München
E-Mail:
leserservice@graefe-und-unzer.de

Telefon: 00800 / 72 37 33 33*
Telefax: 00800 / 50 12 05 44*
Mo–Do: 8.00–18.00 Uhr
Fr: 8.00–16.00 Uhr
(gebührenfrei in D, A, CH)*

Ihr GRÄFE UND UNZER Verlag
Der erste Ratgeberverlag – seit 1722.

GRÄFE UND UNZER

Ein Unternehmen der
GANSKE VERLAGSGRUPPE